ROUTU 70TIAN CHULAN
PEITAO SHENGCHAN JISHU

肉兔 70天出栏 配套生产技术

任克良 曹亮 主编

化学工业出版社

·北京·

内容简介

本书围绕肉兔70天出栏配套生产技术进行阐述，内容包括国内外肉兔业发展概述、肉兔品种（配套系）及引种、兔场建设与环境调控、兔群繁殖技术、肉兔营养需要与绿色配合饲料生产技术、兔群饲养管理技术、肉兔"全进全出"饲养模式、商品兔销售与兔产品初加工和兔病综合防控技术等。本书内容丰富、技术先进实用，可操作性强，图文并茂，科学易懂。本书可供广大养兔生产者、农业院校相关师生阅读与参考。

图书在版编目（CIP）数据

肉兔70天出栏配套生产技术／任克良，曹亮主编．—北京：化学工业出版社，2021.6（2025.3重印）
　ISBN 978-7-122-38783-7

Ⅰ.①肉… Ⅱ.①任…②曹… Ⅲ.①肉用兔-饲养管理 Ⅳ.①S829.1

中国版本图书馆CIP数据核字（2021）第053216号

责任编辑：漆艳萍　刘　军　　　　　　　　装帧设计：韩　飞
责任校对：杜杏然

出版发行：化学工业出版社（北京市东城区青年湖南街13号　邮政编码100011）
印　　装：北京宝隆世纪印刷有限公司
880mm×1230mm　1/32　印张8　字数236千字
2025年3月北京第1版第3次印刷

购书咨询：010-64518888　　　　　　　　售后服务：010-64518899
网　　址：http://www.cip.com.cn
凡购买本书，如有缺损质量问题，本社销售中心负责调换。

定　　价：49.80元　　　　　　　　　　　　版权所有　违者必究

主　编　任克良　曹　亮

编　者　任克良　曹　亮　李燕平

　　　　詹海杰　黄淑芳　唐耀平

　　　　党文庆

前言

　　我国是世界上养兔大国，年出栏量、贸易量位居世界首位。据报道，2018年我国家兔养殖年存栏量达1.2034亿只（占世界37.0%），年出栏量3.1671亿只（约占世界32.0%），兔肉产量46.60万吨，兔业产值达226亿元。其中年存栏中肉兔比例达75.67%，獭兔17.87%，毛兔6.46%。近年来，随着饲养肉兔比较效益的增加，肉兔饲养量呈现逐步增加的态势，从发展趋势来看，肉兔饲养是我国兔产业主要发展方向。

　　为了提高肉兔养殖水平，缩短商品兔出栏时间，提高兔群母兔年均出栏数量，应化学工业出版社的邀请，我们组织编写了《肉兔70天出栏配套生产技术》一书。

　　近年来，随着兔业科技进步和笼具、环控等设备与设施的发展和普及，通过对肉兔养殖各个环节技术进行组配，即品种配套系化、兔场设计布局科学化、笼具科学实用化、饮水（饲喂）自动化、环境控制（自动化）智能化、清粪（机械）自动化、饲粮全价均衡化、繁殖人工授精化、饲养模式全进全出制、疾病防控程序化、粪污处理资源化、产品安全绿色化和产品销售订单化等，已具备实现商品肉兔70天出栏、体重达2.25～2.50千克、兔群每只基础母兔年出栏商品肉兔达40～53只、全程料肉比达（3.3～3.5）∶1以及肉兔经济效益显著提高的条件。本书将对以上配套技术进行系统阐述，文字简练，图文并茂，可操作性强，科学易懂。

本书第一、五、八、九章由任克良负责编写，第二、三、四、六、七章由曹亮负责编写。本书内容是笔者团队根据多年家兔科学研究成果、养兔实践经验，同时参考国内外学者、企业的先进技术编写而成，在编写过程中得到作者所在养兔研究室同仁、我国兔业界专家的大力帮助，在此一并表示感谢。

本书的出版得到国家兔产业技术体系（CARS-43-B-3）、山西农业大学科研资助项目（科研恢复项目）资助。

尽管我们为本书的编写尽了最大努力，但因时间仓促和水平有限，疏漏之处在所难免，恳请广大读者提出批评意见，以便再版时进行更正。

任克良

目录

第一章 国内外肉兔业发展概述 ………………………… 1

第一节 发展肉兔业的意义 …………………………… 1
一、肉兔及其产品经济价值高 ………………………… 1
二、肉兔属高效节粮型单胃草食家畜 ………………… 4
三、肉兔业属"节能减排型"畜牧业 ………………… 5
四、养兔是农民增加收入的有效途径 ………………… 6
五、带动相关产业的发展 ……………………………… 6
六、成本优势明显 ……………………………………… 6
七、国内市场潜力巨大 ………………………………… 6

第二节 国外肉兔业发展概况及趋势 ………………… 6
一、欧洲兔肉生产与消费呈现缓慢下降的态势 ……… 7
二、重视肉兔配套系的培育和人工授精技术的应用 … 8
三、重视肉兔营养需求研究和饲料生产工艺的改善 … 9

四、重视饲喂自动化、环境控制自动化的应用 …………… 9
　　五、实行"全进全出制"饲养模式，生产效率高 ………… 9
　　六、采取生物安全措施，做好重大疾病的防控 …………… 10
　　七、动物福利法对肉兔产业产生深远的影响 ……………… 11

第三节　我国肉兔业发展现状、存在的问题及对策 ………… 12
　　一、我国肉兔业发展现状 …………………………………… 12
　　二、肉兔业存在的问题 ……………………………………… 14
　　三、应对策略 ………………………………………………… 15

第四节　提高肉兔养殖经济效益的技术途径 ………………… 17
　　一、选养适宜肉兔品种或配套系 …………………………… 17
　　二、适宜的养殖规模 ………………………………………… 17
　　三、兔舍标准化、环境控制自动化、清粪机械化、
　　　　饲喂自动化 ……………………………………………… 17
　　四、饲料资源本地化、饲粮均衡化 ………………………… 17
　　五、抓好兔群繁殖工作 ……………………………………… 18
　　六、采用相关配套技术，争取商品肉兔70天左右出栏
　　　　并及时出售 ……………………………………………… 18
　　七、做好兔群安全生产 ……………………………………… 18
　　八、重视环境排放问题 ……………………………………… 18
　　九、开发生产适销对路的兔产品 …………………………… 18
　　十、以人为本，提高员工的积极性 ………………………… 18
　　十一、重视互联网+在兔产业中的应用 …………………… 19

第二章　肉兔品种（配套系）及引种 …… 20

第一节　肉兔品种（配套系）特点 …… 21

一、新西兰白兔 …… 21

二、加利福尼亚兔 …… 22

三、青紫蓝兔 …… 22

四、弗朗德巨兔 …… 23

五、塞北兔 …… 24

六、福建黄兔 …… 24

七、闽西南黑兔 …… 25

八、康大肉兔配套系 …… 26

九、布列塔尼亚兔（艾哥） …… 28

十、伊拉配套系（Hyla） …… 30

十一、伊普吕配套系 …… 30

十二、伊高乐肉兔配套系 …… 32

第二节　选择饲养适宜的肉兔品种（配套系） …… 33

第三节　引种技术 …… 34

一、引种前需要考虑的因素 …… 35

二、种兔选购技术 …… 35

三、种兔的运输 …… 36

第三章　兔场建设与环境调控 …… 39

第一节　兔场建设 …… 39

一、场址的选择、占地面积 …… 39

二、兔场内建筑物的布局……………………………… 40

　　三、兔舍建筑的基本要求……………………………… 43

　　四、兔舍形式及使用地区……………………………… 46

　　五、兔笼……………………………………………… 48

第二节　养兔设备及用具……………………………………… 53

　　一、饲槽……………………………………………… 53

　　二、饮水器…………………………………………… 55

　　三、产箱……………………………………………… 56

　　四、自动化饲喂设备………………………………… 58

　　五、清粪系统………………………………………… 59

第三节　兔舍环境调控技术…………………………………… 61

　　一、温度的调控……………………………………… 62

　　二、有害气体的调控………………………………… 63

　　三、湿度的调控……………………………………… 65

　　四、光照的调控……………………………………… 66

　　五、噪声的调控……………………………………… 68

第四章 ｜ 肉兔的繁殖技术 ……………………………… 69

第一节　肉兔的生殖系统……………………………………… 69

　　一、公兔生殖系统…………………………………… 69

　　二、母兔生殖系统…………………………………… 71

第二节　肉兔的繁殖生理……………………………………… 73

　　一、初配年龄………………………………………… 73

二、兔群公母比例……………………………………… 74
三、种兔利用年限……………………………………… 74
四、发情表现与发情特点……………………………… 74

第三节　肉兔的繁殖……………………………………… 75
一、配种技术…………………………………………… 75
二、妊娠检查…………………………………………… 77
三、分娩………………………………………………… 78

第四节　肉兔的人工授精技术…………………………… 79
一、人工授精室的建设………………………………… 80
二、人工授精的方法…………………………………… 80

第五节　提高肉兔繁殖力技术措施……………………… 88
一、选养优良品种（配套系）、加强选种…………… 88
二、合理进行营养供应………………………………… 88
三、提高兔群中适龄母兔比例………………………… 88
四、人工催情…………………………………………… 88
五、改进配种方法……………………………………… 89
六、正确采取频密繁殖法……………………………… 89
七、及时进行妊娠检查，减少空怀…………………… 90
八、科学控光控温，缩短"夏季不孕期"……………… 90
九、严格淘汰，定期更新……………………………… 90
十、推广工厂化周年循环繁殖模式…………………… 90

第六节 工厂化周年循环繁殖模式…………………………… 90

一、模式特点………………………………………… 90

二、配套技术及设施………………………………… 91

三、不同间隔繁殖模式……………………………… 93

第五章 | 肉兔营养需要与绿色配合饲料生产技术 ………… 97

第一节 肉兔的营养需要……………………………………… 97

一、能量需要………………………………………… 97

二、蛋白质需要……………………………………… 98

三、粗纤维需要……………………………………… 100

四、脂肪需要………………………………………… 102

五、水的需要………………………………………… 102

六、矿物质需要……………………………………… 103

七、维生素需要……………………………………… 103

第二节 肉兔常用饲料营养特点及利用……………………… 111

一、蛋白质饲料……………………………………… 111

二、能量饲料………………………………………… 111

三、粗饲料…………………………………………… 112

四、青绿多汁饲料…………………………………… 113

五、矿物质饲料……………………………………… 116

六、添加剂…………………………………………… 119

第三节　肉兔绿色配合饲料生产技术 …………………… 122

一、配方设计 …………………………………………… 122

二、配合饲料生产流程 ………………………………… 130

第四节　肉兔典型饲料配方 …………………………… 131

一、山西省农业科学院畜牧兽医研究所实验兔场
饲料配方 …………………………………………… 131

二、中国农业科学院兰州畜牧与兽药研究所推荐的
肉兔饲料配方 ……………………………………… 132

三、四川省畜牧科学研究院兔场饲料配方 …………… 133

四、法国种兔及育肥兔典型饲料配方 ………………… 133

五、西班牙繁殖母兔饲料配方1 ……………………… 134

六、西班牙繁殖母兔饲料配方2 ……………………… 135

七、西班牙早期断奶兔饲料配方 ……………………… 135

第五节　兔用配合饲料的选购 ………………………… 136

一、饲料厂家的选择 …………………………………… 136

二、选择性价比高的饲料 ……………………………… 136

三、感官上鉴别饲料的优劣 …………………………… 136

四、查看饲料外包装 …………………………………… 136

五、经常与饲料厂家进行沟通 ………………………… 137

六、妥善处理纠纷 ……………………………………… 137

第六章 兔群饲养管理技术 …… 138

第一节 种公兔的培育、饲养管理 …… 138
一、种公兔的培育 …… 139
二、种公兔饲养技术 …… 139
三、种公兔管理技术 …… 140

第二节 空怀母兔的饲养管理 …… 141
一、空怀母兔饲养技术 …… 141
二、空怀母兔管理技术 …… 142

第三节 怀孕母兔的饲养管理 …… 142
一、怀孕母兔饲养技术 …… 142
二、怀孕母兔管理技术 …… 143

第四节 哺乳母兔的饲养管理 …… 145
一、哺乳母兔的生理特点 …… 145
二、哺乳母兔饲养技术 …… 147
三、哺乳母兔管理技术 …… 149

第五节 仔兔的饲养管理 …… 150
一、仔兔生长发育特点 …… 150
二、仔兔饲养技术 …… 150
三、仔兔管理技术 …… 151

第六节　幼兔的饲养管理 …………………… 153
一、幼兔饲养技术 ………………………………… 153
二、幼兔管理技术 ………………………………… 154

第七节　商品兔快速生产技术 ………………… 155
一、选择优良品种（或配套系）和杂交组合 ……… 155
二、抓断奶体重 …………………………………… 156
三、过好断奶关 …………………………………… 156
四、控制好育肥环境 ……………………………… 156
五、饲喂全价的颗粒饲料 ………………………… 156
六、限制饲喂与自由采食相结合，自由饮水 …… 157
七、控制疾病 ……………………………………… 157
八、适时出栏 ……………………………………… 157
九、弱兔的饲养管理 ……………………………… 158

第八节　福利养兔技术 ………………………… 158

第九节　兔群的常规管理 ……………………… 159
一、捉兔方法 ……………………………………… 159
二、公母鉴别 ……………………………………… 160
三、年龄鉴别 ……………………………………… 161
四、编号 …………………………………………… 162
五、去势 …………………………………………… 163
六、修爪技术 ……………………………………… 164

第七章 肉兔"全进全出"饲养模式 ·············· 165

第一节 "全进全出"饲养模式的概念、特点 ············ 165
一、易于实现环境控制和饲养管理程序化············ 165
二、减少肉兔疾病的发生率和死亡率············ 166
三、减少饲养管理人员的劳动强度和重复劳动············ 166
四、利于肉兔销售,提高经济效益············ 166

第二节 实现"全进全出"的基本条件 ············ 166
一、选养经高度选育的种兔(或配套系)············ 166
二、核心技术的支撑——同期发情、同期配种、
　　同期产仔、同期断奶············ 167
三、兔舍、笼具和环境调控············ 167
四、科学合理的饲料营养水平············ 169
五、饮水处理设备············ 170
六、粪污和病死兔的处理············ 170

第三节 "全进全出"工艺流程与主要参数 ············ 171
一、工艺流程············ 171
二、"全进全出"养兔时间轴············ 173
三、技术参数············ 174

第四节 "全进全出"模式的核心技术 ············ 176
一、繁殖控制技术············ 176

二、人工授精技术……176

第五节　注意事项……176

　　一、做好兔舍彻底消毒工作……176
　　二、做好"全出"……176
　　三、及时做好种兔淘汰工作……177
　　四、加强兔群中弱小兔的饲养管理，
　　　　提高合格出栏兔的比例……177
　　五、做好订单生产……177

第八章 | 商品兔销售与兔产品初加工……178

第一节　商品兔的销售……178

　　一、经纪人的选择……179
　　二、签订销售合同……179
　　三、销售肉兔注意事项……179

第二节　屠宰与初加工……180

　　一、肉兔的屠宰……180
　　二、兔肉初加工……182
　　三、兔肉深加工……182

第三节　兔皮防腐处理、保存、销售……183

　　一、兔皮的防腐处理……183
　　二、兔皮的贮存与保管……184
　　三、出售……184

第九章 兔病综合防控技术 ································ 185

第一节 兔病发生的基本规律 ································ 185

一、兔病发生的原因 ································ 185

二、兔病的分类 ································ 186

三、兔病发生的特点 ································ 187

第二节 兔病综合防控技术措施 ································ 188

一、加强饲养管理 ································ 188

二、坚持自繁自养,慎重引种 ································ 188

三、减少各种应激因素的影响 ································ 188

四、建立卫生防疫制度并认真贯彻落实 ································ 188

五、严格执行消毒制度 ································ 189

六、制订科学合理的免疫程序并严格实施 ································ 189

七、有计划地进行药物预防及驱虫 ································ 191

八、加强饲料质量检查,注意饲料和饮水卫生,

  预防中毒病 ································ 191

九、细心观察兔群,及时发现疾病,及时诊治或扑灭 ································ 191

第三节 兔主要疾病的防治技术 ································ 191

一、兔病毒性出血症 ································ 191

二、巴氏杆菌病 ································ 197

三、支气管败血波氏杆菌病 ································ 202

四、魏氏梭菌病 ································ 204

五、大肠杆菌病 ································ 208

六、葡萄球菌病 ································ 212

七、球虫病……………………………………… 216
八、豆状囊尾蚴病……………………………… 222
九、毛癣菌病…………………………………… 224
十、螨病………………………………………… 228
十一、溃疡性、化脓性脚皮炎………………… 231
十二、脓肿……………………………………… 233

第四节　兔群重大疾病防控技术方案和注意事项………… 235
一、兔群重大疾病防控技术方案……………… 235
二、防疫过程中应注意的事项………………… 236

参考文献……………………………………………… 237

第一章 国内外肉兔业发展概述

肉兔属单胃草食动物，养兔业属节粮型畜牧产业愈来愈受到世界各国尤其是发展中国家的重视。发展肉兔生产可为人类提供肉、皮等优质产品，同时也是广大农民增加经济收入的一条重要途径。

第一节 发展肉兔业的意义

家兔按照经济用途可分为肉用兔、皮用兔、毛用兔、观赏兔和实验用兔等，其中肉用兔的主要产品为兔肉，其次为兔皮等。兔肉具有许多营养特点，是一种理想的动物蛋白，符合人类对动物蛋白的需求，市场需求量逐年上升，发展肉兔业前景广阔。

一、肉兔及其产品经济价值高

1. 兔肉营养特点

（1）蛋白质含量高，品质好　以干物质计算，兔肉蛋白质含量高达70%，比猪肉、牛肉、鸡肉、羊肉的蛋白质含量都高，可以制作各种美味佳肴（图1-1～图1-4）。兔肉中氨基酸种类齐全，含量丰富，其中限制性氨基酸赖氨酸、色氨酸含量均高于其他肉类。

图1-1 "金牌兔腿"

图1-2 蜜汁兔肉

图1-3 用兔头制作的菜品

图1-4 兔肉串串烧

（2）脂肪含量低，胆固醇少，磷脂高　新鲜兔肉含脂肪9.76%，胆固醇65毫克/100克，低于其他肉类。食用兔肉可减少胆固醇在血管壁沉积的风险。因此，兔肉是老人、动脉粥样硬化病人、冠心病患者理想的保健食品。同时，兔肉是益智延年食品，儿童长期食用兔肉可促进大脑发育和提高智商，成年人常食兔肉可降低血液中胆固醇含量，使皮肤富有弹性，面部皱纹减少。因此，国外将兔肉称为保健肉、美容肉、益智肉。

目前国内相关企业开发的兔肉产品琳琅满目，花样众多（图1-5、图1-6）。

图1-5 兔肉加工的食品

图1-6 兔肉粒、兔肉丁和兔肉酱等

(3)消化率高　兔肉肌纤维细嫩,胶原纤维含量少,消化率高达85%,高于其他肉类。

(4)公共卫生形象好　到目前为止,人和畜禽的共患病超过200余种,肉兔业还没有发现共患的主要传染病,而家禽业、养猪业、养牛业等分别有禽流感、猪链球菌病、疯牛病等的困扰。在人类越来越重视健康的今天,良好的公共卫生形象将促进肉兔产业的发展。

兔肉与其他肉类营养成分及消化率的比较见表1-1、图1-7和图1-8。

由表1-1可以看出,兔肉具有"三高三低"(高蛋白质、高赖氨酸、高消化率;低脂肪、低胆固醇、低能量)的特点,代表了当今人类对动物性食品的需求方向,具有广阔的市场前景。

表1-1　兔肉与其他肉类营养成分及消化率的比较

项目	兔肉	猪肉	牛肉	羊肉	鸡肉
粗蛋白质/%	21.37	15.54	20.07	16.35	19.50
粗脂肪/%	9.76	26.73	15.83	17.98	7.8
能量/(千焦/千克)	676	1284	1255	1097	517
赖氨酸/%	9.6	3.7	8.0	8.7	8.4
胆固醇/(毫克/100克)	65.0	126.0	106.0	70.0	69~90
烟酸/(毫克/100克)	12.8	4.1	4.2	4.8	5.6
消化率/%	85.0	75.0	55.0	68.0	50.0

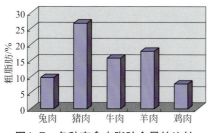

图1-7　各种畜禽肉脂肪含量的比较

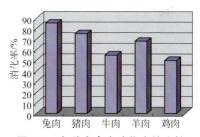

图1-8　各种畜禽肉消化率的比较

2. 兔皮

与野生动物的毛皮比较,兔皮属廉价的皮革皮草加工原料,兔皮具有质地轻柔保暖的特性,可染色成为野生动物的仿制品,具有更广泛的消费人群。

3. 兔粪

兔粪属高效的有机肥料，含有的氮、磷、钾总量高于其他家畜粪便（表1-2），是动物粪尿中肥效最高的有机肥料。通常1只成年兔每年可积粪100千克左右。长期施用兔粪，能改良土壤，增加土壤中的有机质，减少或防止作物的病虫害。另外还可作动物饲料和药用等，具有杀虫、解毒等作用。

表1-2 兔粪与其他主要畜禽粪肥料成分

类别	含氮量	含磷量	含钾量	每1000千克畜禽粪相当于		
				硫酸铵/千克	过磷酸钙/千克	硫酸钾/千克
兔粪	2.3	2.3	0.8	108.48	100.90	17.85
猪粪	0.6	0.4	0.4	28.30	17.60	8.92
牛粪	0.3	0.3	0.2	14.14	13.16	4.46
羊粪	0.7	0.5	0.3	33.50	21.96	6.70
鸡粪	1.5	0.8	0.5	70.91	35.10	11.2

兔粪直接或经过发酵处理，可作为鱼、猪、地鳖、蚯蚓和草食动物的饲料。

4. 其他副产品

肉兔的其他副产品具有很高的经济价值。如兔肝脏可以提取硫铁蛋白，它具有抗氧化、抗衰老和提高免疫力的作用，被称为"软黄金"，价格昂贵。

5. 肉兔是理想的实验动物

肉兔是医学、药学和生殖科学最理想的实验动物。此外，目前很多生物制品（如疫苗、抗体、生物保健品生产等）也用肉兔来生产。

二、肉兔属高效节粮型单胃草食家畜

1. 饲粮以粗纤维饲料为主

肉兔是严格的单胃草食家畜，饲粮中草粉的比例一般占40%～45%，其他农副产品（如麸皮、饼粕等）占据相当大的比例。与耗粮型的猪和鸡相比，在我国这个拥有14亿多人口、土地资源短缺和粮食生产压力巨大的国度，更适合大力发展肉兔生产。

2. 生产力强

肉兔是高产家畜。具有性成熟早、妊娠期短、胎产仔数多、四季发情、常年配种，一年多胎，以及仔兔生长发育速度快、出栏周期短等优势。1只母兔在农家养殖条件下年可提供30只商品兔，在集约化饲养条件下年可提供48～55只商品兔，每年提供的活兔重相当于母兔体重的18.75～34倍。在目前家养的哺乳动物中，肉兔的产肉能力是最强的。

3. 饲料转化率高

在良好的饲养条件下，肉兔70日龄体重可达2.5千克，料重比在3∶1左右。而其饲料中，一半多是草粉和其他农副产品。与目前的家养动物相比，肉兔以草换肉、以草换皮和以草换毛的效率是最高的。每公顷草地畜禽生产能力见表1-3。

表1-3　每公顷草地畜禽生产能力

畜种	蛋白质/千克	能量/兆焦	生产1千克肉消耗消化能/兆焦
肉兔	180	422.8	684.5
禽	92	262.7	517.2（鸡）
猪	50	451.2	671.1
羔羊	23～43	120～308.6	1120（绵羊）
肉牛	27	177.1	1284.7

由此可见，无论是单位面积产肉量，还是肉的营养价值，肉兔均名列前茅，因此专家们认为肉兔是节粮型畜牧业中最佳畜种之一。

三、肉兔业属"节能减排型"畜牧业

肉兔产业是资源节约型畜牧业，肉兔产业对水、电、建材等资源的消耗小于家禽业和养猪业。肉兔产业又是环境友好型畜牧业。种草养兔改善了当地环境气候。国内大中型兔场都种植有大面积的优良牧草。兔业的发展同时巩固了退耕还草区的种草成果。肉兔的粪便很好处理，含有丰富的有机质，是非常好的改良土壤的肥料。如果配合以发酵沼气发电和生物复合肥等配套设施，则完全符合"节能减排"的要求。

四、养兔是农民增加收入的有效途径

与其他养殖业相比,养兔业具有投资少、见效快、效益高等优点。正如许多从事养兔生产的人深有体会地说:"赚钱何必背井离乡,养兔可以实现梦想;致富何必去经商,养兔可以奔小康"。

近年来,很多欠发达地区的农民通过养兔增加收入,步入小康生活,一些从煤炭、工业起家的老板,积极转型,投资肉兔生产,同时为当地一方百姓脱贫致富提供资助,得到了农民的称赞。无数事例说明,养兔业是一个朝阳产业,大有可为。

五、带动相关产业的发展

肉兔业的发展带动相关产业的快速发展,如饲料工业、兽药和添加剂制造业、食品工业、生化制药业、皮革加工业以及相关机械设备制造业,还有利于第三产业的发展和解决城乡就业问题。

六、成本优势明显

在我国养兔具有饲草饲料资源优势、气候环境优势和廉价劳动力资源优势,而发达国家仅劳动力成本就难以维持。据测算,我国养兔综合成本比国外低30%~60%。因此,我国兔产品在国际市场有较强的竞争力,这也是开发国际市场的有利条件。

七、国内市场潜力巨大

据报道,我国年人均消费兔肉仅335克,但随着人们生活水平的逐步提高,兔肉消费一定会越来越多,不远的将来我国也将成为世界兔肉消费的最大市场。

第二节　国外肉兔业发展概况及趋势

从国外兔业发展情况来看,目前欧洲是世界上肉兔生产水平最高的地区,兔业科研水平也位居世界前列,因此,了解欧洲兔业现状和科技水平,有利于我们借鉴先进肉兔养殖技术和科学研究方法,提高我国养兔业生产水平。

2016年9月,笔者作为欧洲兔业考察团成员之一,对欧洲兔业进行历时10余天的实地考察,收获颇丰,目前欧洲兔业现状和发展趋势如下。

一、欧洲兔肉生产与消费呈现缓慢下降的态势

欧洲是世界主要兔肉生产区和主要消费区,但自1989年以来兔肉消费呈现缓慢下降的趋势(图1-9)。欧洲2013年产兔肉514845吨(2016年FAO数据),兔肉生产排名前10位的有意大利、西班牙、法国、捷克、德国、俄国、乌克兰、希腊、保加利亚、匈牙利,其中意大利产量占欧洲总产量的近51%(表1-4)。欧洲兔肉主要消费国家人均消费前10位的有意大利、捷克、卢森堡、马耳他、西班牙、保加利亚、法国、塞浦路斯、斯洛伐克、希腊(表1-5)。

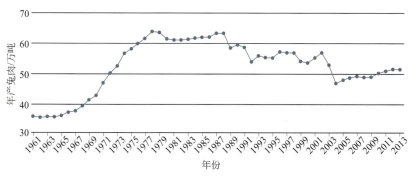

图1-9 欧洲兔业生产

表1-4 欧洲前10位兔肉主产国的兔肉产量、进出口量及消费总量(2013年)

排名	国家/地区	产量/吨	进口/吨	出口/吨	人口/万人	消费总量/吨
1	意大利	262500	2619	816	6125	264303
2	西班牙	63289	498	5624	4771	58163
3	法国	52131	2323	5272	6465	49182
4	捷克	38500	1234	493	1065	39241
5	德国	35200	5427	333	8139	40294
6	俄国	15993	3305	0	14200	19298

续表

排名	国家/地区	产量/吨	进口/吨	出口/吨	人口/万人	消费总量/吨
7	乌克兰	14200	0	0	4403	14200
8	希腊	7400	352	0	1150	7752
9	保加利亚	6800	0	0	720	6800
10	匈牙利	6647	0	4881	988	1766

表1-5 欧洲前10位兔肉主要消费国的兔肉产量、进出口量及人均消费量（2013年）

排名	国家/地区	产量/吨	进口/吨	出口/吨	人口/万人	人均消费/千克
1	意大利	262500	2619	816	6125	4.32
2	捷克	38500	1234	493	1065	3.68
3	卢森堡	0	3054	1240	55	3.30
4	马耳他	1725	0	0	54	3.19
5	西班牙	63289	498	5624	4771	1.22
6	保加利亚	6800	0	0	720	0.94
7	法国	52131	2323	5272	6465	0.76
8	塞浦路斯	864	7	0	117	0.74
9	斯洛伐克	4000	82	3	551	0.74
10	希腊	7400	352	0	1150	0.67

欧洲兔肉消费持续缓慢减少的主要原因如下：首先，新一代年轻人多数不会烹调兔肉，有的人认为烹调兔肉比较麻烦；其次，随着生活节奏的加快，消费者不愿意用更多的时间烹饪兔肉；另外，欧洲素食主义者逐年增多，对肉类包括兔肉消费也在下降。针对以上情况，法国兔业跨行业协会（CLIPP）做了大量的宣传工作，通过电视宣传片、制作卡通画册、建立兔肉推广网站等形式，介绍兔肉营养特点、烹饪方法等，以推广兔肉消费。

二、重视肉兔配套系的培育和人工授精技术的应用

欧洲肉兔配套系育种处于全球领先地位，其选育的配套系生产性能优良，适应性强，市场占有率很高。著名的肉兔育种公司主要有法国克里莫集团的海法姆公司（Hypharm）、法国的欧洲兔业公司（Eurolap

等。海法姆公司培育的伊普吕（Hyplus）和欧洲兔业公司培育的伊拉（Hyla）等配套系在工厂化肉兔生产过程中起了重要作用。

以上两个育种公司都与法国农业科学研究院（INRA）有深度的合作，而且育种持续时间长，同时在选育过程中不断采用新技术（如BLUP方法等）提高选种的准确性和缩短遗传进展，选育的目标是高而稳的产仔数、窝仔兔均匀度好，仔兔适应性、抗病力强，生长兔发育速度快，饲料利用率高。

据悉，2017年7月1日起，Hypharm和Eurolap正式合并，肉兔育种公司强强联合，将对世界肉兔种兔选育和销售产生深远的影响。

人工授精技术已成为欧洲兔业生产中的常规技术，与同期发情技术配合，为全进全出制生产模式提供技术保障。

三、重视肉兔营养需求研究和饲料生产工艺的改善

随着肉兔配套系的推广，与之配套的母兔、商品肉兔的营养需要量研究也随之得到深入的研究，并制定出各自的营养需要量标准，如Lebas-F推荐的集约化肉兔饲养标准，被世界各国广泛采用。

良好的饲料生产工艺是促进肉兔养殖自动化的有力保障。欧洲饲料厂的环模压缩比都在20以上，有的公司的环模压缩比更高，达（100∶3.8）～（120∶3.8），所生产的产品的粉率很低，非常适合在自动化喂料设备上使用。饲料通过罐车运输到养殖场兔舍外的饲料塔中。使用罐车运输饲料既降低了包装成本和装运成本，也减少了拆包倒料的两次污染机会。

四、重视饲喂自动化、环境控制自动化的应用

在欧洲，即使是家庭农场也采用封闭兔舍，母兔、公兔笼具均采用单层笼饲养，笼具采取热镀锌，乳头式饮水器制作精良，无漏水现象；采用自动喂料系统，自动化控制光照，自动清粪系统。通风采取纵向通风模式或横向通风模式。兔场均具备降温和加温设施，空气质量好，环境温度相对恒定，促进了生产指标的持续提高。

五、实行"全进全出制"饲养模式，生产效率高

在欧洲规模兔场均采取同期发情、同期配种、同期产仔、同期出栏，实现"全进全出制"饲养模式，采用42天/49天等繁殖周期，提

高了兔群生产效率。表1-6为法国肉兔生产技术指标,其中母兔的更新率13%～14%,仔兔断奶成活率84.9%～92.3%,育肥期成活率91.3%～91.8%,每只母兔年产出售商品兔数量52～53.4只,出售的商品兔日龄为73天,出售体重为2.47千克,全程料重比为3.3：1。

表1-6 法国肉兔生产技术指标（2014—2015年）

	生产指标	批次数量	2014年平均	2015年平均
母兔	母兔更新率/%	5732	13.3	14.2
	母兔存活率/%	5673	96.3	96.0
	每次人工授精产仔率/%	5989	82.9	82.6
	每次人工授精合计产仔数/只	5980	10.69	10.67
	每次人工授精合计产活仔数/只	5695	10.08	10.08
	生长兔占出生兔百分比/%	5631	92.5	92.2
	仔兔断奶成活率/%	5624	92.3	84.9
	每次产仔的断奶仔兔数/只	5975	8.57	8.55
	每次人工授精断奶仔兔数/只	5979	7.11	7.08
	育肥期成活率/%	5980	91.3	91.8
	每次产仔售出商品兔数量/只	5980	7.84	7.86
	每次人工授精售出商品兔数量/只	6003	6.51	6.51
	每只母兔年产出售商品兔数量/只	730	52.0	53.4
	每次人工授精平均每只母兔出售商品兔活重/千克	5772	15.75	15.78
育肥兔	中等大小活兔体重/(千克/只)	5782	2.47	2.47
	售出商品兔的平均日龄/天	5869	73.5	73.8
	不能售出商品兔百分比（重量比）/%	5753	2.06	2.2

六、采取生物安全措施，做好重大疾病的防控

为保障兔群健康，减少和使用药物，多数兔场采取以下生物安全技术措施：①所有与兔舍相通处均安装铁丝纱网，防止昆虫等进入兔舍，

减少细菌或病毒的传入；②实行"全进全出制"生产模式；③加强消毒；④环境控制自动化；⑤精选饲料原料、配方科学；⑥采用限制饲喂方式，可以有效控制小肠结肠炎（ERE）等消化道疾病的发生。

七、动物福利法对肉兔产业产生深远的影响

动物福利组织对畜牧业的影响不容忽视，动物福利法规对欧洲乃至世界的兔产业都产生了较大的影响。这些动物福利组织的工作主要集中在给动物造成长期痛苦的四大领域：工厂化养殖场、实验室、皮草贸易产业和动物娱乐产业。

欧洲兔产业的动物福利法规始于2006年，荷兰是欧洲第一个对兔的动物福利立法的国家，法律规定了兔舍空气、笼具尺寸、光照强度、肉兔的玩具、饲料营养等各项指标。政府每年检查养兔场各项指标是否合格，会处罚不达标的肉兔养殖场。然而，欧洲各国的动物福利标准并不统一，福利笼具的宽度38～53厘米，长度100～120厘米，但高度规定不低于60厘米。每只母兔笼位面积，荷兰规定≥4500厘米^2，德国规定≥5500厘米^2（图1-10）。

图1-10 福利养殖笼位

福利养殖降低了生产效率,增加了饲养成本,削弱兔肉的市场竞争力。但倡导福利养殖的兔肉加工企业通过宣传介绍散养肉兔的好处,引导消费者不要购买非福利养殖所生产的兔肉,以促进福利养殖所产兔肉产品以较高价格销售。

值得我们注意的是,欧洲的肉兔动物福利法规也催生了一些双重标准,比如规定在欧洲养殖的散养母兔可以做人工授精,而规定中国散养母兔不能做人工授精,这制约了中国福利养殖商品肉兔产品的出口,散养商品肉兔的条件不断加码,必然产生贸易上的不公平,制造贸易壁垒,我国兔肉出口企业应该联合起来据理力争。

第三节　我国肉兔业发展现状、存在的问题及对策

一、我国肉兔业发展现状

我国是世界上养兔大国,兔肉产量和贸易量均居世界首位。据报道,2018年我国年存栏量达1.2034亿只,年出栏量3.1671亿只,兔肉产量46.60万吨,兔业产值达226亿元。其中年存栏中肉兔比例达75.67%、獭兔17.87%、毛兔6.46%。对我国肉兔生产进行分析,发现以下几个特点。

1. 肉兔生产向规模化、智能化方向发展步伐加快

随着兔业科技进步、相关设备设施的发展以及劳动成本的提高,兔业生产向规模化、智能化方向转型步伐加快。

2. 饲养肉兔配套系比例逐年递增

理论和实践证明,采用肉兔配套系进行肉兔生产繁殖力强,表现为产仔数高而稳、母性好、同窝仔兔均匀度好,仔兔、商品兔生长速度快,成活率高,全程饲料利用率高,每只母兔年出栏商品兔高,综合经济效益高。为此,目前大型肉兔养殖场多饲养肉兔配套系,利用父母代生产商品兔,而饲养单一的纯种品种(如新西兰白兔、加利福尼亚兔、弗兰德巨兔等)仅在小规模饲养户中采用。

3. 笼具标准化、饮水自动化、清粪（机械）自动化、饲喂自动化、环境控制自动化

随着科技进步和兔产业相关产业的发展，兔业生产各个环节已向标准化、机械化、自动化和智能化方向发展，目前已基本实现了笼具标准化、饮水和饲喂自动化、清粪（机械）自动化、环境控制智能化等，不仅降低了用工量，同时生产更精准，生产水平、效率更高。

4. 饲料营养全价均衡化

随着对肉兔营养需要研究的深入，山东省已出台了肉兔营养需要地方标准，用于指导养兔生产。我国营养需要标准即将出台。肉兔饲料生产正在向全价、均衡化、绿色方向发展，饲养效率显著提升，生产的食品绿色安全。

5. 人工授精普及率逐年提升

随着养兔规模的发展和人工授精技术的成熟，目前，我国大中型养兔企业配种已基本实现了人工授精，配种效率高，受胎率显著提升。

6. "全进全出制"饲养模式正在普及

肉兔的"全进全出制"是指一栋兔舍内饲养同一批次、同一日龄的肉兔，全部兔子采用统一的饲料、统一的管理，同一天出售或屠宰。因其具有许多优点，大型养兔企业正在广泛采用。

7. 粪污处理向资源化方向发展

随着养殖企业对环境污染认识程度的不断加深和相关部门对环境监控力度加大，兔业企业、养殖大户在建设兔场、日常运行过程中，十分重视对兔场粪污控制力度，采用粪尿分离、减少粪污的排出量，对粪污通过堆积发酵、生产有机肥等方式进行资源化利用，既保护了环境，又增加了收入。

8. 兔病防控程序化

危害肉兔生产的主要疾病有兔瘟（包括2型兔瘟）、呼吸道疾病（巴氏杆菌病、波氏杆菌病等）、大肠杆菌病、魏氏梭菌病、真菌病、球虫病、螨病等，这些疾病目前均有有效的防控措施，企业根据兔群情况等制订确实可行的疾病防控程序，并严格执行，可以达到较好的防控效果。

9. 订单生产正在形成

目前大型养兔企业生产的兔产品具有可预见性，即什么时候出栏多

少只商品兔、体重是多少,因此,必须提前与兔产品加工企业、经纪人等提前签订供货合同,以便出栏时能够及时售出。

10. 绿色养殖模式已经开始

农业农村部第194号文件指出,自2020年7月1日起,饲料中禁止添加促生长类药物饲料添加剂(中药类除外),为此,养兔企业采用绿色饲料添加剂、加强环境调控、采用生物安全防控措施等,保障兔群安全生产,生产的兔肉制品无药残,安全可靠。

11. 肉兔福利养殖得到业界关注

我国兔业同仁对肉兔福利养殖等相关环节进行了研究。如任克良等在山西省科技厅的资助下,开展了"家兔福利养殖及设备开发"科研项目,经过3年多的研究,比较了福利养兔与传统笼养兔的饲养效果,开发出散养笼具及饲喂设备,取得了阶段性成果,并在生产中应用推广。

二、肉兔业存在的问题

1. 肉兔配套系主要依靠进口来满足国内需求

目前,我国肉兔散养户仍以新西兰白兔、弗朗德巨兔、加利福尼亚兔等为主,而中大型养殖场饲养的品种主要以伊拉、伊普吕等肉兔配套系为主,主要依靠进口来满足。我国虽然培育出自己的肉兔配套系,但市场占有率不高。大量进口一方面耗费大量外汇,同时引种可能导致一些疾病引入我国,给我国兔业造成巨大损失。

2. 国内兔肉消费偏低,地区差异较大

我国目前人均兔肉占量小,消费量较低;同时消费地区差异较大,兔肉消费集中在四川、重庆等地,对出口依赖性较大,国际市场一旦风吹草动,国内养兔生产就会面临寒冬。

3. 政府支持力度偏低

养兔业属于弱势产业,而作为养兔生产主体的广大农民抗风险能力较低;如果没有政府的支持,多数地区规模肉兔生产都是随市场的消涨而自生自灭。

4. 科研研发能力相对滞后

近年来，我国在国家层面加大了兔业科研的投资力度，如启动了国家兔产业技术体系，经费支持力度较大。而多数省市对兔业科研投资力度较小。即使投资较多的如四川、山西、江苏、浙江、山东等省市，与猪、牛、鸡、羊等畜禽种投入比较来看，肉兔科研投入还是偏低。许多兔生产中的关键技术尚未解决，阻碍了养兔生产效率持续提升。

5. 禁抗后肉兔养殖任重道远

农业农村部第194号文件指出，自2020年7月1日起，饲料生产企业停止生产含有促生长类药物饲料添加剂（中药类除外）的商品饲料。为此，禁抗条件下，如何利用生物安全防制措施，保障兔群安全生产将是一项长期的、艰巨的、系统性的工作。

6. 2型兔瘟尚无有效的防控措施

2010年，法国出现一种与传统兔瘟病毒在抗原形态和遗传特性方面存在差异的兔瘟2型病毒，该病毒导致的兔瘟被命名为2型兔瘟。2020年4月该病型在我国四川首次被发现，死亡率达73.3%。因本病不仅感染青年兔和成年兔，还感染仔幼兔，同时目前尚无疫苗可供使用，为此，养殖户要做好2型兔瘟的防控。

7. 信息交流不畅

兔产品生产者和兔肉市场之间信息交流渠道不畅，导致兔产品售价很低或销售不畅。

三、应对策略

1. 扩大国内兔产品消费

我国是世界上养兔大国，采取宣传、引导等方式，积极扩大国内兔产品消费，使之形成国内、国际市场相互竞争的格局。

我国兔肉人均消费很低，这与我国是世界上养兔大国格格不入，为了提高国人的身体素质和健康水平，增加国人的兔肉消费无疑是一条可行的捷径。中国畜牧业协会兔业分会为了扩大国内消费，将每年的6月6日定为兔肉节，无疑对促进国人消费兔肉起到了促进作用。

随着国人对兔肉消费量的增加，我国兔产品市场价格将在较高价位上持续稳定，也为广大养兔企业（户）经济收入的持续增收提供保障。

2. 呼吁政府加大对养兔业的扶持力度

养兔是穷人的产业，每当市场低迷，养兔户往往是血本无归，而原本想依靠养兔来脱贫致富的广大农民，却是雪上加霜。建议政府像对待养牛、养猪、养禽等产业那样对待养兔户，在市场价格大落时给予一定补助，让养兔户渡过难关。

3. 增加兔业科技投入力度、加大兔业相关技术开发力度

加大兔产业科技投入力度，尽快攻克兔产业关键技术，提高养兔生产率。与其他畜禽相比，各地在肉兔方面的科研投入相对较少。我国是世界上养兔大国，加大对兔业科技的投入，受益的首先是我国广大养兔户或企业。建议在国家成立兔产业技术体系的基础上，重点产区也应建立本区域产业技术体系，增加兔业项目的投资力度。采取地方与国家联合攻关的方式，攻克制约养兔生产的关键技术难题，支持兔业的健康可持续发展。

加大兔业相关技术研究力度，近期应主要开展以下研究。

（1）加大肉兔配套系选育力度　政府、行业主管等部门应加大对畜禽种业工程的支持力度，尤其是对肉兔配套系的支持力度，集中优势科研力量和具有远见卓识的企业通力合作，培育具有我国自主知识产权的肉用兔配套系并进行推广。

（2）开展集约化条件下肉兔营养需求研究、饲料资源开发　针对我国肉兔集约化生产特点，研究其营养需要，推出集约化肉兔营养需要标准；同时开发不同地区兔用饲料资源，推出肉兔饲料营养成分数据库，指导养兔生产。

（3）研究禁抗条件下，兔群健康生产配套技术　研究出一套从饲料配制、绿色添加剂研制、饲喂方式确定和生物安全防制等配套技术，为生产绿色兔产品提供技术支持。

（4）2型兔瘟疫苗研制刻不容缓。

4. 加强信息传递、交流

加大信息网络平台建设力度，为养兔生产者和消费者之间架起一个桥梁。生产者可以根据市场供求关系，及时调整养殖规模和养殖方向，减少盲目生产带来的损失。消费者也可通过信息平台，可以获得价廉物美的兔用产品。

第四节

提高肉兔养殖经济效益的技术途径

一、选养适宜肉兔品种或配套系

选养什么品种的兔？要通过咨询相关加工企业、专家以及实地调研等方式，经过综合考虑最后进行决策。同时要有发展的眼光看待市场。目前肉兔养殖呈现规模化、工厂化和智能化，生产效率较高，但需要投入资金较多，技术力量也要求比较高，多采用的品种以肉兔配套系为主（如伊拉、伊普吕等）。小规模肉兔养殖，投资小，生产率较低，以饲养新西兰白兔、加利福尼亚兔、弗朗德巨兔、配套系等为主。

二、适宜的养殖规模

养殖规模的大小应根据自身经济实力、技术力量、土地面积以及管理水平等确定，切忌不考虑自身条件一味地追求大规模，往往会适得其反。建议初次养兔企业（户）应从小到大逐渐发展。技术力量较强、资金较为充足的养兔大户饲养规模可以达到1000只以上基础母兔。

三、兔舍标准化、环境控制自动化、清粪机械化、饲喂自动化

为了降低日常劳动力开支、提高劳动生产力和兔群生产水平，获得较高的经济效益，建议新养殖企业在兔场建设时或老场改建时，努力实现兔舍、兔笼标准化，环境控制自动化，清粪机械化或自动化和饲喂自动化等。虽然一次性投资较大，但节省人力、劳动生产率和生产效率显著提高，从长远来看还是合算的。

四、饲料资源本地化、饲粮均衡化

据测算，养兔饲料成本占整个饲养成本的70%以上，因此如何降低饲料成本应作为企业主的一项长期的工作来做。自行生产饲料的场（户）尽量使用当地饲料原料，设计科学合理的饲料配方。外购饲料的要选择

附近信誉度较好的大型饲料加工企业进行合作，并签订购销合同。

五、抓好兔群繁殖工作

做好兔群繁殖工作是养兔场经济效益提高的前提。努力采取人工授精技术，及时进行妊娠检查，采取综合技术措施提高仔幼兔成活率。

六、采用相关配套技术，争取商品肉兔70天左右出栏并及时出售

采用肉兔配套系、做好环境控制、提供全价配合饲料、做好兔群安全防控措施、采用科学饲喂方式等配套技术措施，同时提前与客户联系，保障商品肉兔70天体重达到2.25～2.5千克出栏，并能及时出售。如果饲养新西兰白兔、青紫蓝兔等纯种，或采取以饲草为主的饲养方式，肉兔出栏日龄要推迟，有的甚至需90余天。

七、做好兔群安全生产

如何降低兔群发病死亡率，保障兔群安全生产是实现高效益的前提，根据当地、本场兔病流行特点，做好兔瘟、魏氏梭菌病、大肠杆菌病、球虫病等重大疾病的防控工作。

八、重视环境排放问题

随着人们对健康的重视，不仅食品安全受到愈来愈多的重视，居住环境和生活环境同样受到愈来愈密切的关注，比较来说，兔业虽然还不是污染严重的行业，但养殖和加工过程中的粪尿排放和废弃物处理，必须按照国家出台的环保方面的相关法律法规办理。在修建新厂时把环境控制作为一项重要任务来抓。

九、开发生产适销对路的兔产品

兔场经营者应该经常性地根据市场对兔产品需求来调节生产。如市场对体重较小的肉兔需求量大，则适当缩短饲养周期，反之，则适当延长饲养期。

十、以人为本，提高员工的积极性

养兔生产是一项细致、耐心的工作，员工的工作热情和责任心与兔

群生产效率的提高和产品质量的提高息息相关，因此，企业在制订激励机制的同时，企业主应经常与员工谈心，倾听他们在工作与生活中的困难和诉求，激发他们的工作热情，做好本职工作。

十一、重视互联网+在兔产业中的应用

互联网已覆盖我们生活的方方面面，作为兔业生产者要充分利用互联网平台，如原料、药品（疫苗）、笼具等的采购、产品销售、信息收集以及兔病远程诊断等。

第二章 肉兔品种（配套系）及引种

据测算，肉兔品种对兔产业的贡献率达40%。品种影响肉兔生产力和养殖经济效益的高低，为此，了解肉兔品种及特性，选择饲养适宜的肉兔品种（配套系）对提高养兔经济效益至关重要。

目前认为饲养的肉兔品种是从欧洲野生穴兔驯化而来的。在动物分类学上，肉兔为动物界、脊索动物门、脊索动物亚门、哺乳纲、兔形目、兔科、兔亚科、穴兔属、穴兔种、肉兔变种。

分布于我国各地的野兔都属兔类（即旷兔），穴兔与旷兔有着明显的区别（表2-1），生产中试图用我国野兔与经穴兔驯化而来的肉兔进行杂交，从理论上讲，是无法实现的。

表2-1 穴兔与旷兔的区别

项目	穴兔	旷兔
分类地位	穴兔属	兔属
外貌特征	体形较大，耳一般比较大	耳较小，体形也较小
生活习性	夜行性、穴居性、群居性等	早晚活动，无穴居性和群居性
是否会打洞	会打洞	不会打洞
繁殖季节	无明显的季节性，一年四季均可	一年1～2次
妊娠期/天	30～32	40～42
胎产仔数	平均7只左右	1～4只

续表

项目		穴兔	旷兔
初生仔兔特征		全身裸露无毛，眼睛和耳朵未开，基本没有行动能力，无法自行调节体温	全身有毛，开眼，有听力和行动能力
解剖特征	四肢	四肢较短，不善跑动	四肢较长，善于奔跑
	头骨	顶尖骨终生与上枕骨不愈合	顶尖骨终生与上枕骨愈合
染色体		44个	48个
人工饲养		容易	难

第一节

肉兔品种（配套系）特点

按照家兔的经济用途，可把家兔分为肉用兔、皮用兔、毛用兔、实验用兔、观赏用兔和兼用兔等。其中肉用兔品种最多，也是国内外饲养量最多的品种类型。为了提高生产效率，国内外相继培育生产性能优良的肉兔配套系，给肉兔生产带来了革命性前景。

一、新西兰白兔

原产于美国。

1. 外貌特征

被毛纯白，体形中等，头圆额宽，耳较宽厚而直立，腰肋肌肉丰满，后躯发达，臀圆（图2-1）。

2. 生产性能

成年兔体重4～5千克。繁殖性能好，每胎产仔7～8只，耐频密繁殖。

图2-1 新西兰白兔

3. 特点

早期生长发育快，肉质细嫩。脚底被毛粗密，脚皮炎发生率低。适应性及抗病力强。低营养水平时，早期增重快的优点难以发挥。

4. 杂交利用情况

加利福尼亚兔作父本与新西兰白兔母兔杂交，杂种优势明显。欧洲育种公司对该品种进行定向选育，培育出肉兔杂交配套系亲本，其商品代生产性能优良。

二、加利福尼亚兔

原产于美国。

1. 外貌特征

被毛纯白，体形中等，头圆额宽，耳较宽厚而直立，腰肋肌肉丰满，后躯发达，臀圆（图2-2）。

图2-2　加利福尼亚兔

2. 生产性能

成年兔体重4～5千克。繁殖性能好，每胎产仔7～8只。母性好，被誉为"保姆兔"。耐频密繁殖。

3. 特点

早期生长发育快，肉质细嫩。脚底被毛粗密，脚皮炎发生率较低。适应性及抗病力强。低营养水平时，早期增重快的优点难以发挥。

4. 杂交利用情况

加利福尼亚兔作父本与新西兰白兔、弗朗德巨兔等母兔杂交，杂种优势明显。该品种经过欧洲育种公司多年选育，成为肉兔杂交配套系优良的系本。

三、青紫蓝兔

原产于法国。

1. 外貌特征

标准型兔，耳短竖立，体形小。大型青紫蓝兔耳较长、大，母兔有肉髯（图2-3）。

2. 生产性能

成年兔体重标准型2.5～3.5千克，大型4～6千克。

3. 特点

图2-3　青紫蓝兔

适应性和抗病力强，耐粗饲，繁殖力和泌乳力高。皮板厚实，毛色华丽，是良好的裘皮原料。缺点是生长速度慢，饲料利用率较低。

4. 杂交利用情况

多作为杂交用母本。

四、弗朗德巨兔

原产于比利时。

1. 外貌特征

在我国长期被误称为比利时兔，与野兔颜色相似，但被毛颜色随年龄增长由棕黄色或栗色转为深红褐色。头形粗大，体躯较大，四肢粗壮，后躯发育良好（图2-4）。

2. 生产性能

兼顾体形大和繁殖性能优良的品种。成年兔体重为5～6千克，窝产仔数6～7只。

3. 特点

适应性强，耐粗饲，生长快，繁殖性能良好。采食量大，饲料利用率、屠宰率均较低。体形较大，笼养时易患脚皮炎。

4. 杂交利用情况

作父本或母本，杂交效果均较好。

图2-4　弗朗德巨兔

五、塞北兔

由张家口农业专科学校培育而成。

1. 外貌特征

有黄褐色、纯白色和草黄色3种色型。耳宽大，一耳直立，一耳下垂。颈部粗短，颈下有肉髯。四肢短粗、健壮（图2-5～图2-7）。

图2-5　黄褐色塞北兔

2. 生产性能

成年兔体重5～6.5千克。繁殖力较高，平均窝产仔数7～8只。

3. 特点

耐粗饲，生长发育快，抗病力强，适应性强。易患脚皮炎、耳癣。

4. 杂交利用情况

多作杂交用父本。

六、福建黄兔

福建黄兔为原产于福建的小型兼用品种，因毛色独特、肉质优良素有"药膳兔"之称而出名。

图2-6　白色塞北兔

1. 外貌特征

全身具深黄色或米黄色标准型被毛，具有光泽，下颌至腹部到胯部呈白色带状延伸（图2-8）。头大小适中，呈三角形。两耳直立、厚短，耳端钝圆、呈"V"形。眼大，虹膜呈棕褐色。头、颈、腰部结合良好，胸部宽深，背腰平直，后躯

图2-7　黄色塞北兔

较丰满，腹部紧凑、有弹性。四肢强健，后足粗长。

2. 生产性能

成年兔体重2.8千克，窝产仔数7.7只，年产活仔数33～37只，年育成断奶仔兔数28～32只。30日龄断奶体重491.7克，3月龄兔体重1767.2克，30～90日龄料重比2.77～3.15。

图2-8 福建黄兔（谢喜平）

3. 利用情况

福建黄兔具有毛色独特、性早熟、耐粗饲、适应性强、兔肉风味好等优良特性，在药膳中利用广，市场畅销。该品种是目前保存和开发利用最好、种群最大的地方品种。

七、闽西南黑兔

闽西南黑兔原名福建黑兔，原产于福建省闽西龙岩和闽南泉州市的山区地带，在闽西地区俗称上杭乌兔或通贤乌兔，在闽南习惯称德化黑兔。属小型皮肉兼用但以肉为主的地方品种遗传资源。2010年7月通过国家畜禽遗传资源委员会鉴定，命名为闽西南黑兔。

1. 外貌特征

闽西南黑兔体躯较小，头部清秀。两耳短而直立，耳长一般不超过11厘米。眼大，眼结膜为暗蓝色。颌下肉髯不明显，背腰平直，腹部紧凑，臀部欠丰满，四肢健壮有力（图2-9）。乳头4～5对。绝大多数闽西南黑兔全身被深黑色粗短毛、乌黑发亮、紧贴体躯，脚底毛呈灰白色，少数个体在鼻端或额部有点状或条状白毛。闽西南黑兔白色的皮肤上有不规则的黑色斑块。

图2-9 闽西南黑兔（谢喜平）

2. 生产性能

成年兔体重2.3～2.4千克，窝产仔数5.9只，年产5～6胎，4周龄仔兔成活率88.8%。4周龄断奶公兔体重379.5克、母兔373.1克，13周龄公兔体重1212.9克、母兔1205.4克，断奶兔至13周龄兔平均日增重13.2克。

3. 利用情况

闽西南黑兔除具有我国肉兔地方品种适应性强、耐粗饲、繁殖率高、胴体品质及风味好等优良遗传特性外，其毛色、体形外貌的一致性及其种群规模，在我国现有的地方兔种资源中具有鲜明的特点。

八、康大肉兔配套系

康大肉兔配套系包括康大1号、2号和3号，由青岛康大兔业发展有限公司和山东农业大学培育而成。于2011年10月通过国家畜禽遗传资源委员会审定。

1. 康大1号配套系

为三系配套，由康大肉兔Ⅰ系、Ⅱ系和Ⅵ系3个专门化品系组成（图2-10、图2-11）。

父母代父系（Ⅵ系♂）：被毛为纯白色。20～22周龄性成熟，26～28周龄可配种繁殖（图2-12）。

父母代母系（Ⅰ系/Ⅱ系♀）：体躯被毛呈纯白色，末端呈黑灰色（图2-13）。窝均产活仔数10～10.5只。35日龄平均断奶个体重920克以上。成年母兔体长40～45厘米，胸围35～39厘米，体重4.5～5.0千克。

图2-10　康大肉兔专门化品系——Ⅰ系

图2-11　康大肉兔专门化品系——Ⅱ系

图2-12　康大肉兔配套系——父母代父系

商品代：体躯被毛白色或末端呈灰色（图2-14）。10周龄出栏体重2400克，料重比低于3.0；12周龄出栏体重2900克，料重比3.2～3.4。屠宰率53%～55%。

图2-13　康大肉兔配套系——父母代母系

图2-14　康大1号肉兔配套系断奶商品代仔兔

2. 康大2号配套系

为三系配套，由康大肉兔Ⅰ系、Ⅱ系和Ⅶ系3个专门化品系组成。

Ⅰ系、Ⅱ系特征特性：同康大1号配套系。

Ⅶ系：被毛黑色，部分深灰色或棕色。被毛较短。眼球黑色。窝均产活仔数8.5～9.0只，28日龄平均断奶个体重700克。全净膛屠宰率53%～55%。

父母代父系（Ⅶ系♂）：被毛黑色，部分深灰色或棕色。被毛较短。眼球黑色。20～22周龄性成熟，26～28周龄可配种繁殖。

父母代母系（Ⅰ/Ⅱ♀）：被毛体躯呈纯白色，末端呈黑灰色。平均胎产活仔数9.7～10.2只，35日龄平均断奶个体重950克以上。成年体重公兔4.5～5.3千克，母兔4.5～5.0千克。全净膛屠宰率为50%～52%。

商品代：毛色为黑色，部分深灰色或棕色（图2-15）。10周龄出栏体

图2-15　康大2号肉兔配套系——商品代

重2300～2500克，料重比2.8～3.1；12周龄出栏体重2800～3000克，料重比3.2～3.4。屠宰率53%～55%。

3. 康大3号配套系

是四系配套，由康大肉兔Ⅰ系、Ⅱ系、Ⅵ系和Ⅴ系专门化品系组成（图2-16）。

父母代父系（Ⅵ系/Ⅴ系♂）：纯白色（图2-17）。平均胎产活仔数8.4～9.5只，成年公兔体重5.3～5.9千克。

图2-16　康大肉兔专门化品系——Ⅴ系

父母代母系（Ⅰ系/Ⅱ系♀）：被毛体躯呈纯白色，末端呈黑灰色（图2-18）。平均胎产活仔数9.8～10.3只，35日龄平均断奶个体重930克以上。成年公兔体重4.5～5.3千克，母兔4.5～5.0千克。全净膛屠宰率为50%～52%。

商品代：被毛呈白色或末端呈黑毛色。10周龄出栏体重2400～2600克，料重比低；12周龄出栏体重2900～3100克，料重比3.2～3.4。屠宰率53%～55%。

图2-17　康大肉兔配套系——父母代父系

图2-18　康大肉兔配套系——父母代母系

九、布列塔尼亚兔（艾哥）

由法国艾哥（ELCO）公司培育而成。

1. 生产性能

为四系配套。

A系（GP111，图2-19）　成年兔体重5.8千克以上，性成熟期26～28周龄，70日龄体重2.5～2.7千克，28～70日龄饲料报酬2.8∶1。

B系（GP121，图2-20）　成年兔体重5.0千克以上，性成熟期（121±2）天，70日龄体重2.5～2.7千克，28～70日龄饲料报酬3.0∶1，每只母兔每年可生产断奶仔兔50只。

图2-19　艾哥GP111（A系）　　　图2-20　艾哥GP121（B系）

C系（GP172，图2-21）　成年兔体重3.8～4.2千克，性成熟期22～24周龄，性情活泼，性欲旺盛，配种能力强。

D系（GP122，图2-22）　成年兔体重4.2～4.4千克，性成熟期（117±2）天，年产成活仔兔80～90只，具有极好的繁殖性能。

图2-21　艾哥GP172（C系）　　　图2-22　艾哥GP122（D系）

父母代公兔：性成熟期26～28周龄，成年兔体重5.5千克，28～70日龄日增重42克，饲料报酬2.8∶1。

父母代母兔：白色被毛，性成熟期117日龄，成年兔体重4.0～4.2千克，胎产活仔10～10.2只。

商品代兔70日龄体重2.4～2.5千克，饲料报酬（2.8～2.9）∶1。

2. 组成及配套模式

由四个专门化品系组成的配套系。

十、伊拉配套系（Hyla）

由法国欧洲育种公司培育而成，属肉用型配套系。我国山东康大引进。

1. 生产性能

A系：全身白色，鼻端、耳、四肢末端呈黑色，成年兔体重5.0千克，受胎率76%，平均胎产仔8.35只，断奶死亡率10.31%，日增重50克，饲料报酬3.0∶1。

B系：全身白色，鼻端、耳、四肢末端呈黑色，成年兔体重4.9千克，受胎率80%，平均胎产仔9.05只，断奶死亡率10.96%，日增重50克，饲料报酬2.8∶1。

C系：全身白色，成年兔体重4.5千克，受胎率87%，平均胎产仔8.99只，断奶死亡率11.93%。

D系：全身白色，成年兔体重4.5千克，受胎率81%，平均胎产仔9.33只，断奶死亡率8.08%。

商品代：外貌呈加利福尼亚兔色，28天断奶重680克，70日龄体重2.25千克，日增重43克，饲料报酬（2.7～2.9）∶1，屠宰率58%～59%。

2. 配套模式

为四系配套。

十一、伊普吕配套系

伊普吕配套系，属肉用型配套系。

由法国克里默兄弟育种公司培育而成。我国河南阳光等企业引进数批在各地推广饲养。

1. 体形外貌及生产性能

祖代A系（公）：巨型白兔，初生体重73克，断奶体重1220克，日增重58～60克，70日龄体重3.25千克，屠宰率59%～60%。成年兔体重6.4～6.5千克。使用年限1～1.5年（图2-23）。

祖代B系（母）：白色皮毛，耳、足、鼻、尾有黑色，初生体重78克，断奶体重1180克，日增重56～61克，70日龄3.15千克，屠宰率

59%,成年兔体重6.1～6.2千克。配种周龄18～19周龄,使用年限1～1.5年(图2-24)。

图2-23　祖代A系

图2-24　祖代B系

祖代C系(公):白色皮毛,耳、足、鼻、尾有黑色。初生体重66克,断奶体重1020克,70日龄体重2.3～2.4千克,成年兔体重4.5～4.6千克。最佳配种周龄21～23周龄,产活仔9.2～9.5只,使用年限0.8～1.5年(图2-25)。

祖代D系(母):皮毛为白色。初生体重61克,断奶体重920克,70日龄体重2.2～2.3千克,成年兔体重4.6～4.7千克。最佳配种周龄18～19周龄,产活仔9.2～9.5只。使用年限0.8～1.5年(12胎)(图2-26)。

图2-25　祖代C系

图2-26　祖代D系

父母代AB(公):白色皮毛,耳、足、鼻、尾有黑色。初生体重75克,断奶体重1200克,70天活重3.1～3.2千克,料肉比3.1～3.3,屠宰率58%～59%,成年兔体重6.3～6.7千克。配种周龄20周龄。使用年限1～1.5年。

父母代CD（母）：白色皮毛，耳、足、鼻、尾有黑色。初生体重62克，断奶体重1025克，70天活重2.25～2.35千克，料肉比3.1～3.3，成年兔体重4.7千克。配种周龄17周龄，乳头数9～10个，窝产仔10～11只，母性好。使用年限0.8～1.5年。

商品代兔：白色皮毛，耳、足、鼻、尾有黑色。初生体重65～70克，断奶体重1035克，70天活重2.5～2.55千克，料肉比3.0～3.2，屠宰率57%～58%。平均每窝（人工授精）产肉17～18.5千克，出栏成活率93%以上（图2-27）。

图2-27　商品代兔

2. 配套模式

为四系配套。

十二、伊高乐肉兔配套系

伊高乐配套系，属肉用型配套系。由法国欧洲伊高尔育种公司培育而成。2012年我国重庆从法国引进。该配套系由L、A、C和D四个不同配套系组成。

1. 生产性能

35日龄断奶平均体重1千克，70日龄平均体重达2.5千克，母兔窝产仔10只，乳头5～6对。断奶成活率、生长出栏率均可达到95%以上，料肉比2.8∶1，屠宰率59%。

2. 配套模式

为四系配套（图2-28）。

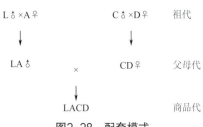

图2-28　配套模式

第二节

选择饲养适宜的肉兔品种（配套系）

对于养殖企业（户）来讲，饲养什么肉兔品种（配套系）取决于企业（户）所处的地理位置、经济条件、技术水平、产品销路、价格和市场走势等因素。

一般来讲，与獭兔、毛兔相比，肉兔小规模养殖对技术、资金、笼舍规格和饲料营养要求较低，适合一般养殖户。建议饲养品种以弗朗德巨兔、塞北兔、新西兰白兔、加利福尼亚兔等为主，可以利用加利福尼亚兔作公兔与新西兰或弗朗德巨兔母兔杂交，利用杂种优势生产商品兔（图2-29）。也可利用配套系生产商品兔。

有的地方特色品种（如福建黄兔等）其产品市场认可度高、售价高，当地养殖企业（户）也可以进行饲养，经济效益较高。有很多肉兔品种

图2-29　肉兔养殖

也是实验用兔（如新西兰白兔、日本大耳白兔等）、观赏兔，如果有订单或有市场的情况下也可饲养。

对于大型养殖企业，建议采用兔舍、笼具标准化，兔舍环境控制自动化、自动饲喂系统、自动清粪系统，全价颗粒饲料，"全进全出"饲养模式，建议饲养肉兔配套系，生产效率较高，70日龄体重可达2.25～2.40千克，在肉兔市场平稳的情况下，可以获得较高的规模效益（图2-30）。缺点是投资较大，技术力量要求较强。这种模式是我国肉兔产业发展的主要方向。

图2-30　肉兔规模养殖

第三节

引种技术

引种是养兔生产中的一项重要技术工作。新建的兔场需要引种，老的养殖企业（户）为了扩大规模、调换血统或改良现有生产性能低、质量差的兔群也需要引种。饲养配套系肉兔养殖企业须定期从祖代场引进父母代种兔。

一、引种前需要考虑的因素

1. 确定引什么品种

首先,必须事先考虑市场行情,如产品销路、价格等情况,同时考虑当地气候、饲料和自身条件,选购适宜的肉兔品种(配套系)。老养殖场(户)应考虑所引品种(系)与现有品种(系)相比有何优点和特点。需要更换血缘时,应着重选择品种特征明显的个体(一般以公兔为主)。

2. 详细了解种源场的情况

对种源场的具体细节(如饲养规模、种兔来源、生产水平、系谱是否完整、有无当地畜牧主管部门颁发的种畜禽生产经营许可证、卫生防疫证、是否发生过疫情及种兔月龄、体重、性别比例、价格等)进行详细了解。杜绝到发生过或患有毛癣病、呼吸道疾病等的兔场引种。

大、中型种兔场设备好,人员素质高,经营管理较完善,种兔质量有保证,对外供种有信誉。从这样的兔场引种,一般比较可靠。

一般农户自办的种兔场规模较小,近亲繁殖现象比较严重,种兔质量较差,且价格不稳定,购种时要特别注意。

3. 做好接兔准备工作

购进种兔前,要进行兔笼、器具的消毒,准备好饲草料及常用药品。新建的兔场还要对饲养人员进行必要的培训。最好做好引进兔隔离饲养工作。

二、种兔选购技术

1. 品种(配套系)的选定

根据需要选择适宜的品种或配套系。

2. 选择优良个体

同一品种(配套系)其个体的生产性能也有明显差别,因此要重视个体的选择。所选个体应无明显的外形缺陷,如门齿过长、八字腿、垂耳、小睾丸、隐睾或单睾、阴部畸形者,均不宜选购。所选母兔乳头数应不少于4对。

3. 引种年龄

一般以3~4月龄青年兔为宜。要根据牙齿、爪核实月龄,以防购回大龄的小老兔。老年兔的种用价值和生产价值较低，高价买回不合算，还可能存在繁殖功能障碍等疾病。

目前欧洲大多选购1～2日龄的仔兔，这样可以降低运输成本，减少应激，但本场需要有同期产仔的母兔代为哺乳（图2-31）。

图2-31　1～2日龄种兔（有耳标）

4. 血缘关系

所购公兔和母兔之间的亲缘关系要远，公兔应来自不同的血统。特别是引种数量少时，血缘更不能近。另外，引种时要向供种单位索要种兔卡片系谱资料。

5. 重视健康检查

引种时对所引兔群进行全面健康检查，一旦发现群体中仔兔有毛癣病等，应终止在该场引种。用手触摸种兔全身，发现皮下、腹部内有脓肿者；尾部有稀粪污染，眼结膜、鼻腔不净或有脓液者等不宜选购。

6. 引种数量

根据需要和发展规模确定引种数量。

7. 引种季节

肉兔怕热，且应激反应严重，引种应选在气温适宜的春、秋季。夏季必须引种时，须做好防暑工作。

三、种兔的运输

肉兔神经敏感，应激反应明显，运输不当，轻则掉膘、身体变弱，重则致病甚至死亡。因此必须做好种兔的运输工作。

1. 种兔运输前的准备工作

（1）对所购兔进行健康检查　由当地兽医对所购兔逐个进行健康检查，并请供种单位或当地兽医部门开具检疫证明，对该批种兔免疫记录进行询问和记录，以便确定下次免疫时间和免疫种类。

（2）确定运输方式　根据路途长短、道路交通状况、引种数量等确定运输方式。根据运输形式，在相关部门开具相应的检疫证、车辆消毒证明等。

（3）准备好运输笼具　种兔笼具可选木箱、纸箱（短途）、竹笼、铁笼等。以单笼为宜（以底面积$0.06\sim0.08$米^2、高25厘米为宜）。笼子应坚实牢固，便于搬动。包装箱应有通风孔，有漏粪尿和存粪尿的底层设备，内壁和底面要平整，无锐利物（图2-32）。笼内铺垫干草。

图2-32　运输笼具

（4）对笼具车辆、饲具进行全面消毒。

（5）了解供种单位的饲料及饲养制度，带足所购兔2周以上的饲料。

2. 运输途中肉兔的饲养管理

1天左右的短途运输，可不喂料不饮水。2～3天的运输中途，可喂些干草和少量多汁饲料，定时饮水。5天以上的运输中途，可定时添加饲料和饮水，注意不宜喂得过饱。运输过程既要注意通风，又要防止肉兔着凉、感冒。车辆起停及转弯时速度要慢，以防兔腰部折断事故的发生。

3. 到达目的地后肉兔的饲养管理

兔子到达目的地后，要将垫草、粪便进行焚烧或深埋，同时将笼具进行彻底消毒，以防疾病的发生和传播。

（1）隔离饲养　引回的种兔笼舍应远离原兔群。建议等该批种兔产仔后，仔兔无毛癣病、呼吸道病等传染病后方可混入原兔群。

（2）切忌暴食暴饮　到达目的地的兔要休息一段时间后才开始喂给少量易消化的饲料，同时喂给温盐水，杜绝暴饮暴食。

（3）饲养制度、饲料种类应尽量与原供种单位保持一致。如需要改变，应有7～10天的适应期。每次饲喂达八成饱为宜。

（4）定时健康检查　每天早晚各检查1次食欲、粪便、精神状态等，发现问题及时采取措施。新引进兔一般在引回1周后易暴发疾病（主要是消化道疾病）。对于消化不良的兔，可喂给大黄苏打片、酵母片或人工盐等健胃药；对粪球小而硬的兔，可采用直肠灌注药液的方法治疗。

注意事项　鉴于目前毛癣菌病在许多种兔场广泛存在，建议凡是有本病的种兔场一律禁止引种，以免感染造成不可估量的损失。

第三章

兔场建设与环境调控

良好的兔舍和完善的设备是养好肉兔的基础，与饲养管理、疾病预防和劳动生产率的提高等密切相关。

随着劳动力成本不断上升、土地资源短缺，以及对环境保护力度的加强，兔业生产者必须从兔场场址选择、兔舍建筑、环境控制、生产方式、粪尿处理等环节入手，采取相应的技术措施，最终实现劳动生产效率高、经济效益好、环境友好的目标。

兔场建设

一、场址的选择、占地面积

养兔场址应选在地势高燥、平坦或略有坡度的地方（坡度以1%～3%较好）（图3-1）。场址或周围必须有水量充足、水质良好的水源。场址应选在交通便利的地方，但又不能紧靠公路、铁路、屠宰场、牲畜市场、畜产品加工厂、化工厂及车站或港口。兔场一般应离交通主干线200米以上，离一般道路100米以上。兔场应设在居民区、村庄的下风向，与居民点的距离应在400米以上。考虑到饲料原料运输、产品的销售和职工生活和工作的方便等，兔场也不宜建在交通不便或偏远的地方。

兔场占地面积要根据饲养种兔的类型、饲养规模、饲养管理方式和集约化程度等因素而定。计算兔场面积时以一只母兔及其仔兔占建筑面积0.8米^{2}计算，兔场的建筑系数约为15%，500只基础母兔的兔场需要占地约2700米^2。

图3-1　兔舍建在地势较高的地方

二、兔场内建筑物的布局

兔场内应设行政区、生产区和粪便尸体处理区等，根据当地主风向等情况，合理布局（图3-2、图3-3）。

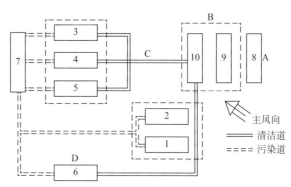

图3-2　兔场布局示意图

A—生活福利区；B—辅助生产区；C—繁殖育肥区；D—兽医隔离区
1，2—核心种群兔舍；3~5—繁殖育肥；6—兽医隔离区；7—粪便处理场；
8—生活福利区；9，10—办公管理区

图3-3　山西某现代化兔场

1. 行政区域

包括办公室、宿舍、会议室、食堂、仓库、门房、车库、厕所等。饲料加工由于噪声大,且与外界接触较多,应设在该区一角,远离兔舍。

2. 生产区

包括兔舍、饲料间、更衣室、消毒池、消毒间、送料道、排水道等建筑物(图3-4～图3-9)。生产区应与行政区隔开,建2米高围墙,并设门卫,严防闲杂人员出入。

图3-4　生产区(现代化兔舍)

图3-5 生产区——兔舍（全封闭式）

图3-6 肉兔生产区（半开放式兔舍）

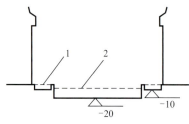
图3-7 兔场大门口车辆消毒池及人的脚踏消毒池断面图（单位：厘米）
1—脚踏消毒池；2—车辆消毒池

图3-8 更衣室

图3-9 消毒间

3. 粪便尸体处理区

包括粪便堆放处、污水贮存池，与生产区应有一定距离，并铺设有粪便运输道与外界相连（图3-10）。一般安置在下风向、地势较低的地方。兽医诊疗室也应设在这一区域。大型兔场应专门建粪便无害化处理场地（图3-11、图3-12）。

图3-10　粪便堆积区

图3-11　粪污处理

图3-12　粪污处理设备

4. 其他

中、大型兔场，兔舍间应保持10～20米的间距，在间隔地带内栽植树木、牧草或藤类植物等。

三、兔舍建筑的基本要求

1. 基本要求

建筑兔舍要因地制宜，就地取材，经济耐久，科学实用。兔舍要能防雨、防风、防寒、防暑和防鼠等，要求干燥，通风良好，光线充足，冬季易于保温，夏季易于通风降温。

2. 朝向

兔舍应坐北朝南或偏南向。

3. 地面处理

兔舍地面应致密、坚实、平坦、防潮、保温、不透水、易清扫，抗各种消毒剂侵蚀，一般用水泥地或防滑瓷砖。粪沟用水泥或瓷砖。出粪口一般设在兔舍两端或中央（兔舍较长者）。舍内地面应高于舍外地面20～25厘米。

4. 墙壁

兔舍墙壁应坚固、抗震、抗冻，具有良好的保温和隔热性能。距离地面1.5米以下表面应用水泥抹平，以利消毒。

5. 门窗

舍门一般宽1米，高1.8～2.2米。窗户面积的大小以采光系数来表示。兔舍采光系数（即窗户的有效面积与舍内面积之比）：种兔舍10%，育肥舍15%左右。窗台高度以0.7～1米为宜。兔舍门、窗户上应安装铁丝网（夏季要装纱窗），以防蚊蝇、兽类进入。封闭式兔舍一般不设窗户。

6. 兔舍屋顶

要求完全不透水，隔热。可采用水泥制件、瓦片、彩钢等。为保证通风换气，半开放式兔舍一般可在舍顶上均匀设置排气孔。兔舍内高以2.5～3.5米为宜。

7. 排污系统

兔舍的排污系统对保持兔舍清洁、干燥和卫生有重要意义。排污系统由粪沟、沉淀池、暗沟、关闭器、蓄粪池等组成（图3-13）。粪沟主要是用于排除粪尿及污水，建造时要求表面光滑、不渗漏，并且有1%～1.5%的倾斜度。肉兔粪尿等污物一般由人工清除或机械清除（图3-14）。

机械化较高的兔场可用传送带式和铰链式刮粪板等清除（图3-15）。

图3-13 蓄粪池

图3-14 污物清除设施

图3-15 机械刮粪板

8. 跨度、长度

兔舍的跨度要根据肉兔的类型、兔笼形式和排列方式以及当地气候环境而定（表3-1）。

表3-1 兔舍列数与跨度对应表

列数	跨度	布局
单列式	不大于3米	一个走道，一个粪沟
双列式	4米左右	两个走道，一个粪沟，或一个走道，两个粪沟
三列式	5米	两个走道，两个粪沟
四列式	6.5～7.5米	三个走道，两个粪沟
六列式	12米	四个走道，三个粪沟

从理论上讲，跨度越大，单位面积建筑成本下降，但跨度不宜太大，过大不利于通风和采光，同时给兔群实现责任制带来不便。一般兔舍跨度应控制在10～12米。

兔舍的长度没有严格的规定，可根据场地条件、建筑物布局或一个班组的饲养量而灵活掌握，一般控制在50米以内。

9. 缓冲间

为了缓解进入兔舍空气温度过高或过低对肉兔的影响，一般在安装通风设备一侧建一缓冲间，同时设置一调节器调整进入兔舍的风的大小和方向（图3-16）。

四、兔舍形式及使用地区

兔舍建筑形式很多，各有特色。不同地区，可因地制宜，修筑不同式样的兔舍，也可利用闲置的房舍进行肉兔生产。专门化养兔场，一般都要修建规格较高的室内笼养式兔舍。

图3-16　缓冲间

1. 开放式兔舍

这种兔舍无墙壁，屋柱可用木、水泥或钢筋制成，屋顶以双坡式为好。兔笼安放在舍内两边，中间为走道。优点是造价较低，通风良好，呼吸道疾病和眼疾较少，管理方便。缺点是无法进行环境控制，不易防兽害和蚊虫。适用于较温暖的地区（图3-17～图3-19）。

图3-17　开放式兔舍（1）

2. 半开放式兔舍

这种兔舍上有屋顶，四周有墙，前后有窗户。通风换气依赖门窗和通风口。优点是有较好的保温和防暑性能，可以进行环境控制，便于人工管理，可防兽害（图3-20）。缺点是兔舍内空气质

图3-18　开放式兔舍（2）

图3-19 开放式兔舍（3）

量较差，冬天要处理好通风和保温这对矛盾。目前我国北方一般规模兔场多属这种形式。

3. 封闭式兔舍

封闭式兔舍也叫环境控制兔舍。这种兔舍无窗户，舍内温度、湿度、光照、通风等全部靠人工控制（图3-21～图3-23），有的仅在墙壁上设置可开闭的小窗，以防停电或通风设备故障时临时用（图3-24）。优点是可以为肉兔提供一个适宜的生活环境，生产效率高。缺点是对电和设备依赖性强，大型兔场应配备发电设备。

为了实现"全进全出制"饲养模式、降低单位面积建设成本、减轻转运兔劳动强度，有的兔场采用联排兔舍，两舍中间设有门，便于转运兔等。

图3-20 半开放式兔舍

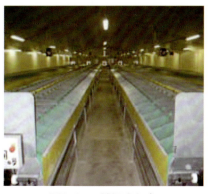

图3-21 封闭式兔舍

图3-22 无窗兔舍

图3-23 无窗兔舍的通风设施　　图3-24 设置可开闭的小窗户

五、兔笼

1. 兔笼构造

（1）大小　根据肉兔品种、生理阶段而定。一般笼长为体长的1.5～2倍，宽（深）为体长的1.3～1.5倍，高为体长的0.8～1.2倍。我国一般标准兔笼尺寸为：笼宽70～80厘米，笼深50～60厘米，笼高35～40厘米。目前多采用标准化"品"字形兔笼。

（2）高度　以1～3层为宜，总高度一般为2米左右。"品"字形兔笼一般为两层，许多兔场采用单层兔笼，生产效率并不比两层低。

（3）笼壁　固定式兔笼多用砖、石和水泥板砌成，移动式兔笼多用冷拔丝网、铁丝网、不锈钢网、冲眼铁皮、竹板等制作。笼壁要平滑，网孔大小要适中。网孔过大，仔兔、幼兔易跑出或窜笼。

（4）笼门　一般安装在笼前或笼顶。可用铁丝网、冲眼铁皮、竹板条等制作。笼门以（40～50）厘米×35厘米为宜。笼门框架要平滑，以免划破兔体。目前"品"字形兔笼的龙门采用弹簧式结构,容易开闭。

(5)笼底板 材料和制作方式不同,有以下几种。

板条式的材料是竹板等。板条宽2～5厘米,厚度适中。间距1.2厘米,要求既可漏粪,又能避免夹住兔脚。要求竹板表面无毛刺,竹板间隙前后均匀一致,固定竹片的铁钉不要突出在

图3-25 四肢向外伸展,腹部着地（任克良）

外面。板条走向应与笼门垂直,以免引起"八"字腿（图3-25）。底板以活动式为佳（图3-26）。

若是网状底板,采用镀锌材料编制而成,网眼尺寸为1.9厘米×1.9厘米,厚度一般为2.5～3.0毫米（图3-26）。该类底板易挂兔毛,低温时不利于兔体健康。材料购置费用大。

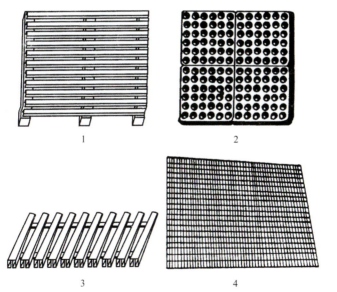

图3-26 兔笼底板类型

1—竹板底网;2—板式塑料底网;3—条式塑料底网;4—金属底网

若用镀锌条式底板,铁丝线径为3~5毫米,间隙1.2厘米。该类底板适用于仔幼兔,不适用于繁殖种兔和体形较大的兔,否则易患溃疡性脚皮炎。

目前有专门生产塑料底板的厂家,条间距离一致,尺寸规范(图3-27)。

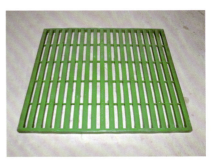

图3-27 塑料底板

有的规模兔场,种兔笼笼地面中间塑料底板镶嵌其中,周边为铁丝底板,这样可以避免兔患脚皮炎(图3-28)。

(6)承粪板及笼顶 可用塑料板、镀锌铁皮等。砖石兔笼多用水泥板、石板作承粪板。宽度应大于兔笼,前伸3~5厘米,后延5~10厘米,前高后低,倾斜10°~15°,以便粪尿直接流入粪沟。多层兔笼上层承粪板就是下层的笼顶。室外兔笼最上层要求厚一些,前伸后延更长一些,以防雨水浸入笼内或淋湿饲草。笼底板与承粪板之间应有14~18厘米的间隙,以利于打扫粪尿和通风透光。

图3-28 中间为塑料底板

(7)支架 移动式兔笼均需一定材料为骨架。可用角铁(35厘米×35厘米)、铁管等制作。底层兔笼应离地30厘米左右,笼间距(笼底板与承粪板之间距离)前面5~10厘米,后面20厘米。

2. 兔笼形式

兔笼按层数可分为单层、双层和多层,按排列方式可分为重叠式、阶梯式和半阶梯式等。

（1）活动式兔笼　目前室内养兔多采用此种兔笼。用木、竹或角铁做成架，四周用铁丝网、冲眼铁皮或竹片围成。笼底板用竹板做成，承粪板用铁皮、塑料板或石棉瓦做成。

（2）固定式三层兔笼　这是一种适于养兔户使用的兔笼，特点是投资小、空间利用率高。按放置位置不同可分为室内和室外两种。

图3-29　室内固定式三层砖混结构兔笼

① 室内固定式三层兔笼　有砖混、水泥和铁丝等结构（图3-29～图3-32）。重叠式清粪需要人工辅助。

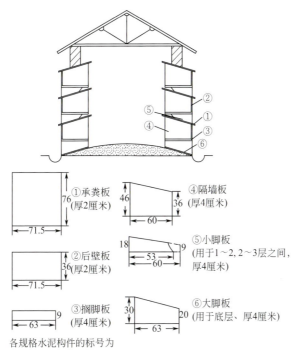

各规格水泥构件的标号为
C25细石混凝土（每立方米中含461千克水泥，0.66米³黄沙，1.19吨石子）

图3-30　水泥式兔笼构造（单位：厘米）

图3-31 水泥预制的兔笼

图3-32 室内三层铁丝结构兔笼

"品"字形笼具粪便可以自动落到粪沟内,利于自动清粪,是目前较为科学的笼具(图3-33),建议推广使用。

② 室外固定式三层兔笼门、窗比室内固定式兔笼小些。在两笼之间的墙壁上安装镶嵌式草架,供两侧肉兔采食。两笼之间设两个半间产仔室,供母兔产仔、哺乳。

图3-33 "品"字形三层兔笼

3. 兔笼的放置

(1)平台式 一层笼放在离地面30厘米左右的垫物上,或放在离粪沟70厘米高的架子上。这种方法便于管理,利于通风和光照(图3-34、图3-35),多用于工厂化规模生产、实验兔及种公兔的饲养。

图3-34 单层兔笼(1)

图3-35 单层兔笼(2)

（2）阶梯式　将兔笼放置在互不重叠的几个水平层上（图3-36）。优点是通风良好，饲养密度略高于平台式。有利于采取机械化清粪系统。

（3）组合式　兔笼重叠地放在一个垂直面上，可以叠放2～3层。根据多列重叠兔笼的放置方向不同可分为面对面式和背靠背式（图3-37～图3-39）。

图3-36　"品"字形两层兔笼
（输送带式清粪）

图3-37　双层兔笼

图3-38　兔笼面对面

图3-39　兔笼背靠背

第二节　养兔设备及用具

一、饲槽

有多种形式。家庭散养兔可用大竹筒劈成两半，除去中节隔片，两边各用一块长方形木块固定，使之不易翻倒。竹片食槽口径为10厘米，高6厘米，长30厘米。也可专门定制底大、口小、笨重且不易翻倒的瓷盆。用塑料或镀锌铁皮制成的饲盒，颗粒料可以不断自动滑落到料槽里，一般需要在槽底部打一些孔眼，把颗粒料中的粉末料漏到盒外，防止饲料霉变或被肉兔吸入肺内。料槽上沿应该向内弯曲15～20毫米，防止肉兔抛撒饲料（图3-40、图3-41）。规模化兔场也可采用自动加料机、机械加料机（图3-42～图3-47）。

图3-40　各式料盒

图3-41　加长式料盒

图3-42　可供数个兔笼内兔子采食的料盒

图3-43　饲料塔

图3-44　自动喂料系统（绞龙式）

图3-45　自动喂料（1）

图3-46 自动喂料（2）

图3-47 机械加料机

二、饮水器

小型或家庭兔场可用广口罐头瓶或特制底大、口小瓷盆等饮水。此法方便、经济，但易被粪尿、饲草、灰尘、兔毛污染，加之兔喜啃咬，极易咬翻容器，影响饮水，必须定期清洗消毒，频繁添水，较为费工。

目前大中型兔场均采用自动饮水系统。自动饮水系统特点是能不断供给清洁的饮水、省工，但对水质要求高。主要由过滤器（图3-48）、自动水嘴、三通、输水管等组成。采购、使用饮水器时应注意以下问题。

图3-48 饮水过滤器

① 采购质量高的饮水器。

② 水箱位于低压饮水器（即最顶层饮水器）上不得超过10厘米，以防下层水压太大。

③ 水箱出水口应安在水箱上方5厘米处，以防沉淀杂质直接进入饮水器。箱底设排水管，以便定期清洗、排污。

④ 水箱应设活动箱盖。

⑤ 供水管必须使用颜色较深（如黑色、黄色）的塑料管或普通橡皮管，以防苔藓滋生。使用透明塑料软管，应定期或至少两周清除管内苔藓。也可以在饮水中加一些无害的消除水藻的药物。

⑥ 供水管与笼壁要有一定距离，以防兔子咬破水管。

⑦ 发现乳头滴漏时，及时修理或更换。

⑧ 饮水嘴应安在距离笼底8～10厘米、靠近笼角处，以保证大小兔均能饮用，防止触碰滴漏（图3-49）。

有的乳头饮水器附设一圆形盛水器可以防止肉兔饮水时水滴到笼底板，保障兔舍干燥清洁（图3-50）。

图3-49　兔用饮水器

图3-50　新型饮水器

三、产箱

产箱是母兔分娩、哺乳，仔兔出窝前后的生活场所，其制作得好坏对断奶仔兔的成活率高低影响很大。

制作产箱的材料应能保温、耐腐蚀、防潮湿。目前多用木板、塑料、铁片制作。若用铁片制作，内壁、底板应垫上保温性能好的纤维板或木板。产箱内外壁要平滑，以防母兔、仔兔出入时擦破皮肤。产箱底面可粗糙一些，使仔兔走动时不至于滑脚。产箱的大小根据所养种兔的大小而定

（表3-2）。产箱有内置式（月牙、平式等）（图3-51）、外置式（图3-52、图3-53）等。采用封闭式产箱，母兔食仔现象的发生率较低。在我国寒冷地区，小规模养兔可采用地窖式产窝（图3-54、图3-55），仔兔成活率较高，但要防止鼠害和潮湿。

表3-2 产仔箱的最低尺寸

种兔体重	面积/米^2	长/厘米	宽/厘米	高/厘米
4千克以下	0.11	33	33	25
4千克以上	0.12	30	40	30

目前采用的"品"字形兔笼，其产箱与兔笼为一体，中间用有圆形洞的隔板分隔，兔子可以进出圆形洞。通过开启笼门让母兔哺乳，其余时间关闭笼门。待仔兔出生21天后将隔板取走，加大兔笼内的面积（图3-56）。

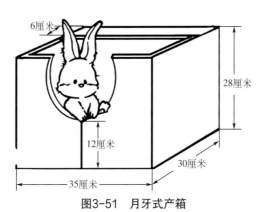

图3-51 月牙式产箱

图3-52 外置式产箱（1）　　图3-53 外置式产箱（2）

图3-54 地窖式产窝

图3-55 地窖式产窝（最低层兔笼）

四、自动化饲喂设备

目前有绞龙式、自动定量和输送带式等自动饲喂系统。绞龙式要求颗粒饲料硬度较高，否则粉料过多，适宜于自由采食饲养模式（图3-57、图3-58），目前国外及国内大型兔场使用本系统；自动定量饲喂系统可以根据不同生理阶段的兔子，进行定时定量饲喂（图3-59、图3-60）。输送带式结构简单，投资较小（图3-61），如果设定采食时间也可实现粗略定量饲喂。

图3-56 笼内前置式产箱

图3-57 自动化饲喂系统（北京四方）

图3-58 自动饲喂系统

图3-59　自动化定量饲喂系统

图3-60　自动饲喂系统（轨道式）

图3-61　输送带式饲喂系统

五、清粪系统

目前，除人工清除粪便外，效率较高的有机械和输送带清粪方式。

1. 机械清理粪便系统

兔场使用机械清粪系统可以减少饲养人员劳动强度，提高工作效率。兔舍一般采取导架刮板式清粪机，由牵引机、转角轮、限位清洁器、紧张器、刮板装置、牵引绳和清洁器等组成。利用斜度清洁器有利于粪尿分离（图3-62～图3-66）。

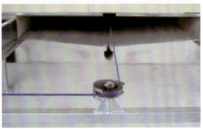

图3-62　自动清粪系统
（上：转角轮；下：刮板装置）

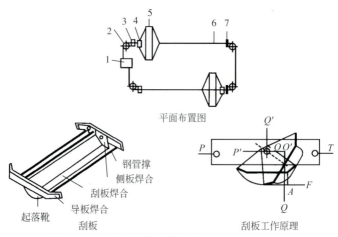

图3-63 导架式刮板清粪机（9FZQ—1800型）

1—牵引机；2—转角轮；3—限位清洁器；4—紧张器；5—刮板装置；
6—牵引绳；7—清洁器

图3-64 斜度刮粪机

图3-65 机械清粪

2. 输送带式清粪系统

输送带安装在兔笼下，同时完成承粪和清粪工作。主要由减速电机、链传动机构、主被动辊、输送带、刮粪板、张紧轮、调节丝杆等组成（图3-67、图3-68）。刮粪板装在输送带的排粪处，可使粪和带分离，防止带子粘粪。输送带由低压聚乙烯塑料制成，延伸率小，表面光滑，且容易在输送带的连接处粘接。

图3-66 室外清粪端

图3-67 输送带清粪

图3-68 输送带清粪（北京四方）

第三节
兔舍环境调控技术

  兔舍环境条件（如温度、湿度、有害气体、光照、噪声等）是影响肉兔生产性能和健康水平的重要因素之一。对兔舍环境因素进行人为调控，创造适合肉兔生长、繁殖的良好环境条件，是提高肉兔养殖生产水平的重要手段之一。

一、温度的调控

环境温度直接影响肉兔的健康、繁殖、采食量、毛皮质量和生长速度等。

1. 高温、低温的危害

环境温度过高或过低,肉兔会通过机体物理和化学方法调节体温,消耗大量营养物质,从而降低生产性能,生长兔表现为生长速度下降,料肉比升高。高温可以导致兔群"夏季不孕"、皮毛质量下降甚至中暑。低温时兔群易患呼吸道和消化道疾病。

2. 肉兔适宜的环境温度要求(表3-3)

表3-3 不同日龄、不同生理阶段肉兔对环境温度的要求

生理阶段	适宜温度	备注
初生仔兔	30~32℃	指巢箱内温度
1~4周龄	20~30℃	
成年兔	15~20℃	成年兔耐受低温、高温的极限为-5℃和30℃。繁殖公兔长时间在30℃条件下生存,易出现"夏季不孕",甚至出现中暑

3. 兔舍人工增温措施

(1)修建兔舍前,应根据当地气候特点,选择开放式、半开放式或全封闭式室内笼养兔舍,同时注意兔舍保温隔热材料的选择。

(2)集中供热。可采取锅炉或空气预热装置等集中产热,再通过管道将热水、蒸气或热空气送往兔舍,有挂式暖气片和地暖等形式(图3-69、图3-70)。

(3)局部供热。在兔舍中单独安装供热设备,如火炉、火墙、电热器、保温伞、散热板、红外线灯等。现有生产的电褥子垫可以放在产箱下进行增温。使用火炉时要注意防止煤气中毒。

(4)适当提高舍内饲养密度也可提高舍温。

(5)设产房。有的兔场设立单独的供暖产房和育仔间等,也是做好冻繁经济而有效的方式之一。农村也可修建塑料大棚兔舍以减少寒冷季节的取暖费用。

图3-69 暖气加温

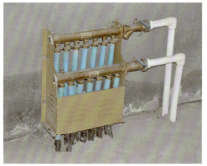
图3-70 地暖加温

4. 兔舍散热与降温措施

（1）修建保温隔热兔舍。

（2）兔舍前种植树木、攀缘植物，搭建遮阳网、窗外设挡阳板，挂窗帘，减少阳光对兔舍的照射。

（3）安装通风设备，加大通风量。

（4）安装水帘（图3-71、图3-72）。

（5）安装空调。

图3-71 水帘

图3-72 水帘降温

二、有害气体的调控

兔舍中有害气体主要有氨、硫化氢、二氧化碳等。

1. 兔舍有害气体产生的原因

兔舍内粪尿和被污染的垫草在一定温度下分解产生有害气体。其浓度与粪尿等污物的数量、兔舍温度和通风大小等有关。

2. 有害气体的危害

与其他动物相比，肉兔对环境空气质量特别敏感，污浊的空气会显著增加兔群呼吸道疾病（如巴氏杆菌病、波氏杆菌病等）和眼病（眼结膜炎等）的发生率。据报道，每平方米空气中氨的含量达50毫升时，兔呼吸频率减慢，流泪，鼻塞；达100毫升时，会使兔眼泪、鼻涕和口涎显著增多。

3. 兔舍内有害气体允许浓度

氨＜30毫克/千克，硫化氢＜10毫克/千克，二氧化碳＜3500毫克/千克。

4. 减少兔舍内有害气体浓度的措施

（1）减少有害气体的生成量，适度降低饲养密度，增加清粪次数，减少舍内水管、饮水器的破损。

（2）根据兔舍结构，采取自然通风和动力通风相结合方式将舍内污浊空气排到舍外（图3-73～图3-79）。

兔舍排气孔面积应为地面面积的2%～3%，进气孔的面积为地面面积的3%～5%。机械通风的空气流速夏天以0.4米/秒、冬天以不超过0.2米/秒为宜。

注意事项　注意进出风口位置、大小，防止形成"穿堂风"。进出风口要安装网罩，防止兽、蚊蝇等进入。

图3-73　排风设备

图3-74　通风系统（屋顶安装通风道）

图3-75 通风系统

图3-76 通风设备（1）

图3-77 通风设备（2）

图3-78 通风系统（国外）

图3-79 通风、加温设施

三、湿度的调控

肉兔舍内相对湿度以60%～65%为宜，一般不应低于55%或高于70%。

1. 高湿的危害

湿度往往伴随着温度高低而对兔体产生影响。如高温高湿会影响肉兔散热，易引起中暑；低温高湿又会增加散热，使肉兔产生冷感，特别对仔幼兔影响更大；温度适宜而潮湿，有利于细菌、寄生虫活动，可引起兔螨病、球虫病、湿疹等。

2. 干燥的危害

空气过于干燥，可引起呼吸道黏膜干燥，感染细菌、病毒而致病。但一般兔舍很少出现干燥的情况。

3. 控制湿度的措施

加强通风；降低舍内饲养密度；控制饮水器漏水，增加粪尿清除次数，排粪沟撒一些吸附剂（如石灰、草木灰等）；冬季舍内供暖。

四、光照的调控

光照对肉兔有很大的影响。光照可以促进兔体新陈代谢，增强食欲，使红细胞和血红蛋白含量增加；促进皮肤合成维生素D，调节钙、磷代谢，促进生长。同时光照有助于肉兔生殖系统的发育，促进性成熟。

1. 适宜的光照时间与强度

肉兔适宜的光照时间与强度见表3-4，兔舍光效采用电源的特性见表3-5。

表3-4　肉兔适宜的光照时间与强度

类型	光照时间/小时	光照强度/勒克斯	说明
繁殖母兔	14～16	20～30	繁殖母兔需要较强的光照
公兔	10～12	20	公兔喜欢短光照，如果持续光照超过16小时，将导致公兔睾丸重量减轻和精子数减少，影响配种能力
育肥兔	8	20	采用暗光育肥，可控制性腺的发育，促进生长，降低活动量和减少相互咬斗

表3-5　兔舍光效采用电源的特性

光源种类	功率/瓦	光效/（勒克斯/瓦）	寿命/小时
白炽灯	15～1000	6.5～20	750～1000
荧光灯	6～125	40～85	5000～8000

2. 采光方式

普通兔舍多依靠门窗供光（图3-80），密闭式兔舍采用人工光照，不足的时间用白炽灯或日光灯来补充（图3-81），但以白炽灯供光为好。舍内灯光的布局要合理。灯的高度一般为2.0～2.4米，行距大约3米。为使舍内的照度比较均匀，应当降低每个灯的瓦数，而增加舍内的总灯数。使用平面或伞式灯罩可使光照强度增加50%。要经常对灯泡进行擦拭。

图3-80　自然光照良好的兔舍

图3-81　人工补充光照

目前我国大型兔场将对温度、湿度、通风、光照控制等进行系统集成。系统根据兔舍温度、空气质量等指标可进行自动控制（图3-82）。

五、噪声的调控

肉兔胆小怕惊，突然的噪声可引起一系列不良反应和严重后果，尤其对妊娠母兔、泌乳母兔和断奶后的幼兔影响更为严重。减少噪声的措施如下。

（1）修建兔场时，场址一定要选在远离公路、工矿企业等的地方。

（2）饲料加工车间应远离生产区。

（3）换气扇、清粪等舍内设备要选择噪声小的。

（4）饲养人员操作时动作要轻、稳。

（5）用汽（煤）油喷灯消毒时，尽量避免在母兔妊娠后期集中进行。

（6）禁止在兔舍周围燃放鞭炮。

图3-82　兔舍环境控制系统

第四章 肉兔的繁殖技术

理论上讲，肉兔的繁殖力很强，但生产中由于各种因素的影响，肉兔的繁殖潜力往往得不到充分发挥，这是许多兔场生产水平低、效益不高甚至亏损的主要原因之一。因此，了解肉兔的生殖生理，采取行之有效的技术措施，提高兔群繁殖力，对提高养兔效益具有重要的现实意义。

第一节 肉兔的生殖系统

生殖系统是兔繁殖后代、保证物种延续的系统，能产生生殖细胞（精子和卵子），并分泌性激素。

一、公兔生殖系统

公兔的生殖系统见图4-1。

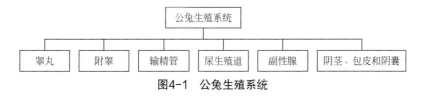

图4-1 公兔生殖系统

1. 睾丸

是产生精子和分泌雄性激素的器官。肉兔的腹股沟管宽而短,终生不封闭,睾丸可自由地下降到阴囊或缩回到腹腔内,因此经常会发现有的公兔阴囊内偶尔不见睾丸,这时若轻轻拍打臀部,睾丸可下降到阴囊里。

2. 附睾

发达,位于睾丸背侧,分附睾头、体、尾三部分。

3. 输精管

为输送精子的管道。

4. 尿生殖道

是精液和尿液排出的共同通道。

5. 副性腺

包括精囊与精囊腺、前列腺、旁前列腺和尿道球腺4对(图4-2)。

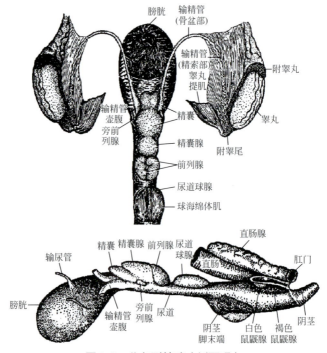

图4-2 公兔副性腺(侧面观)

其分泌物进入尿生殖道骨盆部与精子混合形成精液。副性腺的分泌物对精子有营养和保护作用。

6. 阴茎、包皮和阴囊

阴茎为公兔的交配器官，呈圆柱状，前端游离部稍有弯曲。选留种公兔时，应选择阴茎头稍弯曲的个体为好。阴囊：为容纳睾丸、附睾和输精管起始部的皮肤囊。精索与包皮：包皮有容纳和保护阴茎头的作用。

二、母兔生殖系统

母兔的生殖系统见图4-3～图4-7。

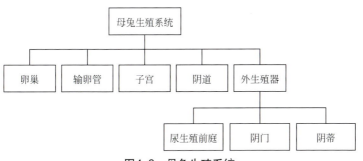

图4-3 母兔生殖系统

1. 卵巢

产生卵子和雌性激素的器官。经产母兔的卵巢表面有发育程度不同的透明小圆泡。

2. 输卵管

输送卵子和受精的管道。

3. 子宫

胚胎生长发育的摇篮。兔为双子宫类型动物，有一对子宫。

4. 阴道

交配器官，也是产道。兔阴道较长，为7～8厘米，前接子宫颈，可见有两个子宫

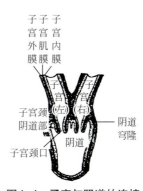

图4-4 子宫与阴道的连接

颈口开口于阴道,人工授精就是把精液输入此处。

5. 外生殖器

包括尿生殖前庭、阴门和阴蒂。

(1) 尿生殖前庭　交配器官和产道。人工授精输精时切忌插入尿道外口内。

(2) 阴门　阴门由左右两片阴唇构成。

(3) 阴蒂　兔的阴蒂发达,长约2厘米。养兔生产中可利用按摩阴蒂的方法促使母兔发情,并进行配种。

肉兔属刺激性排卵动物,即卵巢表面经常有发育程度不同的卵泡(图4-7),发情并不排卵,只有给予配种刺激才能

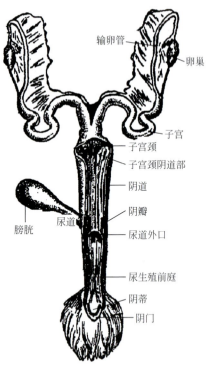

图4-5　母兔生殖系统(背侧面)

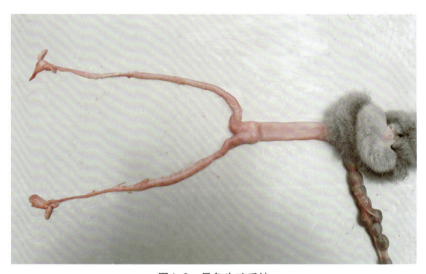

图4-6　母兔生殖系统

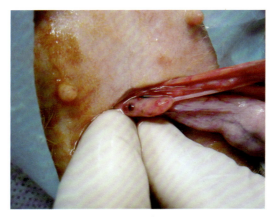

图4-7 卵泡

排卵。养兔生产中只要母兔健康,生殖器官发育良好,采用多次强制配种也能怀孕。人工授精时必须进行注射激素等方式进行刺激排卵,母兔才能正常受孕。

肉兔的繁殖生理

一、初配年龄

是指肉兔在性成熟以后,身体的各个器官基本发育完全,体重达到一定水平,适宜配种繁殖后代的年龄。也可按达到该品种(系)成年体重的70%～75%时开始初配。初配年龄过大,母兔有难产的危险。目前商品肉兔生产中,母兔初配年龄有提早的趋势(表4-1)。

表4-1 不同类型兔初配年龄、体重表

类型		年龄/月龄	体重/千克
肉用兔	小型兔	4～5	成年兔体重的75%
	中型兔	5～6	成年兔体重的75%
	大型兔	7～8	成年兔体重的75%

二、兔群公母比例

一般根据生产目的、配种方法和兔群大小而定。商品兔生产，采用本交时，公母比例为1：（8～10）；人工授精时，公母比例为1：（50～100）。生产种兔的群体公母比例为1：（5～6）。一般群体越小公兔的比例应越大，同时要注意公兔应有足够数量的血统。

三、种兔利用年限

一般为2～3年。年产窝数增加，利用年限缩短。优秀个体、使用合理，可适当延长利用年限。国内外规模化肉兔配套系生产兔群，利用年限一般为1年。

四、发情表现与发情特点

1. 发情表现

食欲下降，兴奋不安，用前肢刨地、扒箱或用后肢拍打底板，频频排尿，有的用下颌摩擦料盒。母兔的发情周期为7～15天，持续期1～5天。同时要注意外阴部变化。从表4-2可知，外阴部苍白、干燥、萎缩（图4-8），此时配种时间尚早，如果配种受胎率、产仔数较低；外阴部大红、紫、肿胀且湿润为发情期（图4-9），此时配种受胎率最高，产仔数较多；外阴部黑色，此时配种已晚（图4-10）。建议外阴部为红色或淡紫色并且充血肿胀时配种较好，正所谓"粉红早，黑紫迟，大红正当时"。

图4-8 发情鉴定：外阴部苍白，此时配种尚早

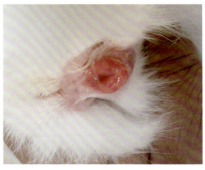

图4-9 发情鉴定：外阴部大红、肿胀且湿润，此时配种正好

表4-2　阴门颜色对某些繁殖性状的影响

特征	阴门颜色			
	白色	粉色	红色	紫色
接受交配/%	17.0	76.6	93.4	61.9
受胎率/%	44.9	79.6	94.7	100
窝产仔数/只	6.7	7.7	8.0	8.8

注：来源于Maerens等（1983年）。

2. 发情特征

（1）发情无季节性　一年四季均可发情、配种、产仔。

（2）发情不完全性　母兔发情三大表现（即精神状态，交配欲、卵巢、生殖道变化）并不总是在每个发情母兔身上同时出现，可能只是同时出现一个或两个方面。

图4-10　发情鉴定：外阴部黑色、干燥，此时配种已晚

为此，在生产中应细心观察母兔表现（包括精神、生殖道变化），及时配种。

（3）产后发情　母兔分娩后普遍发情，此时可行配种（血配）。产后6～12小时配种，受胎率最高。

（4）断奶后普遍发情　仔兔断奶后母兔普遍发情，配种受胎率较高，故仔兔断奶过迟对兔群繁殖力不利。

第三节 肉兔的繁殖

一、配种技术

1. 配种时间

对于发情的母兔，配种应在喂兔后1～2小时进行。一般在清晨、傍晚或夜间进行。母兔产仔后配种时间应根据产仔多少、母兔膘情、饲料营养、气候条件等而定。对于产仔数少、体况良好的母兔，可采取产后配种，即一般在产后12～24小时进行。产仔数较少者，可采取产仔后第12～16天进行配种，哺乳期间采取母仔分离措施，让仔兔两次吃奶时间超过24小时。产仔数正常，可采取断奶后配种，一般在断奶当天或第二天进行配种。

对于不发情的母兔，除改善饲养管理外，采用激素、性诱等方法进行催情。

2. 配种方法

（1）人工辅助交配　平时公、母兔分开饲养，待母兔发情后需要配种时，将母兔放入公兔笼内进行配种，交配后及时把母兔放回原笼（图4-11）。

① 配种前的准备　患有疾病的公、母兔不能配种。公、母兔之间3代以内不能配种。

检查母兔发情状况，发情时交配。准备好配种记录表格，详细做好配种产仔记录。

② 配种程序　配种应在饲喂后，公、母兔精神饱满之际进行。将母兔轻轻放入公兔笼内。若母兔正在发情，待公兔做交配动作时，即抬高臀部举尾迎合，之后公兔发出"咕咕"尖叫声，倒向一侧，表示已顺利射精。母兔接受交配后，迅速抬高母兔后躯片刻或在母兔臀部拍一掌，以防精液外流（图4-12）。察看外阴，若外阴湿润或残留少许精液，表明交配成功，否则应再行交配。最后将母兔放回原笼，并将配种日期、所

图4-11　人工辅助交配方法

图4-12　配种完成后，在母兔臀部轻拍一掌，使子宫收缩，防止精液外流

用公兔耳号等及时登记在母兔配种卡上（图4-13）。

（2）人工授精 详见本章第四节。

二、妊娠检查

及早、准确地检查是否怀孕，对于提高肉兔繁殖速度是非常重要的，也是养兔生产者必须掌握的一项技术。

图4-13 配种完成后，进行配种登记

1. 检查时间

一般母兔交配后10～12天进行，技术熟练者可提前到第9天，最好在早晨饲喂前空腹进行。

2. 检查方法

将母兔放在桌面或地面上，左手抓住两耳及颈皮，兔头朝向摸胎者，右手大拇指与其他手指分开呈"八"字形，手心向上，自前向后沿腹部两旁摸索（图4-14）。如果腹部柔软如棉，则没有受胎；如摸到花生米大小、可滑动的肉状物，则为怀孕。

摸胎注意事项如下。

（1）10～12天的胚泡与粪球的区别。粪球呈扁椭圆形，表面粗糙，指压无弹性，分散面较大，并与直肠宿粪相接；胚胎呈圆形，多数均匀排列于腹部后侧两旁，指压有弹性。

（2）妊娠时间不同，胎泡的大小、形态和位置不一样（图4-15）。妊娠10～12天，胚泡呈圆形，似花生米大小，弹性较强，在腹后中上部，位置较集中。妊娠14～15天，胚泡仍为圆形，似小枣大小，弹性强，位于腹后中部。

（3）一般初产母兔的胚胎稍小，位置靠后上。经产兔胚胎稍

图4-14 摸胎方法

大，位置靠下。

（4）注意胚胎与子宫瘤、子宫脓疱和肾脏的区别。子宫瘤虽有弹性，但增长速度慢，一般为1个。当肿瘤、脓疱多个时，大小一般相差很大，胚胎则大小相差不大。此外，脓疱手摸时有波动感。

（5）当母兔膘情较差时，肾脏周围脂肪少，肾脏下垂，有时会误将肾脏与18～20天的胚胎混淆。

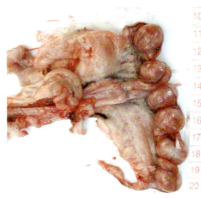

图4-15　15天左右的胎儿（任克良）

（6）摸胎时，动作要轻，切忌用力挤压，以免造成死胎、流产。

（7）技术熟练者，摸胎可提前至第9天，但第12天时须再确认一次。

三、分娩

1. 妊娠期

母兔的妊娠期平均为30～31天，范围是28～34天。妊娠期的长短，因品系、年龄、个体营养状况及胎儿的数量和发育情况等不同而略有差异。

2. 分娩

（1）分娩预兆　多数母兔在临产前3～5天乳房肿胀，能挤出少量乳汁。外阴部肿胀充血，黏膜潮红，食欲减退甚至废绝。临产前1～2天向产箱内衔草，并将胸前、腹部的毛用嘴拉下，衔到窝内做巢（图4-16）。临产前数小时，母兔情绪不安，频繁出入于产箱，并有四肢刨地、顿足、拱背努责和阵痛等表现。

（2）分娩过程　母兔分娩多在夜深人静或凌晨时进行，因此要做好接产工作。分娩时，体躯

图4-16　拉毛做窝

前弯呈坐式，阴道口朝前，略偏向一侧。这种姿势便于用嘴撕裂羊膜囊，咬断脐带和吞食胞衣。一般产仔过程需要15～30分钟。

（3）分娩前后护理　分娩前2～3天，应将消毒好的巢箱放入笼内，垫窝以刨花最好。对于不拉毛的母兔，可以在其产箱内垫一些兔毛，以启发母兔从腹部和肋部拉毛（这两处毛根在分娩前比较松）。分娩前后，供给母兔充足淡盐水，以防其食仔。产仔结束后，及时清理产仔箱内胎盘、污物，清点产仔数，对未哺乳的仔兔采取人工强制哺乳。产仔多的可找保姆兔代哺，否则淘汰体重过小或体弱的仔兔，或对初生胎儿进行性别鉴定，将多余弱小的公兔淘汰。

（4）定时分娩技术　怀孕超过30天（包括30天）的母兔，可采用诱导分娩技术和注射激素进行定时产仔。后者的程序为：对怀孕30天（包括30天）尚未分娩的母兔，先用普鲁卡因注射液2毫升在阴部周围注射，使产门松开。再注射2单位的后叶催产素，数分钟后子宫壁肌肉开始收缩，顺利时可在10分钟完成分娩。必须预先准备好产箱和做好分娩护理。

第四节　肉兔的人工授精技术

人工授精是指技术人员采取公兔的精液，再用输精器械把精液输入母兔生殖道内从而达到母兔受孕的一项技术。该技术是一项最经济、最科学的肉兔繁育技术。

人工授精技术的优点：①充分利用优秀公兔，加快遗传进展，迅速提高兔群质量；②减少公兔饲养量，降低饲料成本；③减少疾病尤其是繁殖疾病传播的机会；④提高母兔配种受胎率；⑤克服某些繁殖障碍，如生殖道的某些异常或公母兔体形差异过大等；⑥实现同期配种，同期分娩，同期出栏，利于集约化生产管理；⑦不受时空限制即可获得优秀种公兔的冷冻精液。缺点：①需要有熟练掌握操作技术的人员；②必要的设备投资，如显微镜等；③多次使用某些激素进行刺激排卵，机体会形成抗体，导致母兔受胎率下降。

一、人工授精室的建设

开展人工授精的规模兔场建议建设专门的人工授精室（图4-17），最好与种公兔舍相连，方便采精（图4-18）。人工授精室主要设备包括显微镜、水浴锅、烘干箱、高压灭菌锅、恒温箱、采精设备等。舍内安装空调、紫外线等设备。

图4-17　人工授精室

图4-18　人工授精室与种公兔舍相连的窗口

二、人工授精的方法

1. 采精公兔的选择

根据以下条件综合考虑：①公兔后裔测定成绩优秀，且符合本场兔群的育种、改良计划；②查看公兔系谱，避免近亲繁殖；③公兔无特定的遗传疾病或其他疾病，严禁使用未经严格选育、生产性能低下的公兔。

2. 采精

（1）采精器的准备　常用的采精器主要是假阴道。一般可以自行制作或在市场上购买现成的采精器材。假阴道的构造与安装情况如下。

① 外壳：一般用硬质塑料管、硬质橡胶管或自行车车把制成，外筒长8～10厘米，内径3～4厘米。

② 内胎：可用医用引流管代替，长14～16厘米。

③ 集精管：可用指形管、刻度离心管，也可用羊用集精杯代替。

④ 安装：在外壳上钻一个0.7厘米左右的孔，用于安装活塞。其内胎长度由假阴道长度而定。集精管可用小试管或者抗生素小玻璃瓶。

把安装好的假阴道用70%的酒精彻底消毒，必须等酒精挥发完以后，通过活塞注入少量50～55℃的热水，并将其调整到40℃左右。接着在内胎的内壁上涂少量白凡士林或液体石蜡起润滑作用。最后注射空气，调节压力，使假阴道内胎呈三角形或四角形，即可用来采精。

也有玻璃采精器、瓶式采精器，目前市场上有市售的采精器自动加温设备，采精效率更高（图4-19～图4-22）。

图4-19 采精器

图4-20 玻璃采精器

图4-21 瓶式采精器

图4-22 采精器自动加温设备

（2）采精　采精者一手固定母兔头部，另一手持假阴道，置于母兔两后肢之间（图4-23、图4-24），待公兔爬跨射精后，即把母兔放开，将假阴道竖直，放气减压，使精液流入集精管，然后取下集精管。

图4-23　采精

图4-24　采精示意图

3. 精液品质检查

检查的目的：确定所采精液能否用作输精；确定精液稀释倍数。

采精后即进行，室温以18～25℃为宜。分肉眼检查和显微镜检查（图4-25、图4-26），精液品质鉴定方法见表4-3，精子活力标准评定见表4-4。

图4-25　精液品质检查

表4-3　精液品质鉴定方法

项目	测定方法	正常	合格精液	不合格精液
颜色	肉眼	乳白色，混浊、不透明	云雾状地翻动表示活力强、密度大	精液色黄可能混有尿液，色红可能混有血液
气味	肉眼	有一种腥味	略有腥味	有臭味
酸碱度	光电比色计或精密试纸	接近中性	pH8～7.5	pH过大，表示公兔生殖道可能患有某种疾病，其精液不能使用

续表

项目	测定方法	正常	合格精液	不合格精液
精子活力	显微镜下观察、计数	活力越高表示精液品质越好	精子活力≥0.6的方可输精	精子活力<0.6
密度	显微镜下测定	正常公兔每毫升精液含精子2亿～3亿个	中级以上	下级
形态	显微镜下观察	具有圆形或卵圆形的头部和一个细长的尾部	正常精子占总精子数的百分数高于80%	畸形精子占总精子数的百分数高于20%
射精量	刻度吸管	0.5～2.5毫升/次		

表4-4 十级制精子活力标准评定

运动形式	评分										摇摆运动
	1	0.9	0.8	0.7	0.6	0.5	0.4	0.3	0.2	0.1	
呈直线运动的精子/%	100	90	80	70	60	50	40	30	20	10	—
呈摇摆运动或其他方式运动的精子/%		10	20	30	40	50	60	70	80	90	100

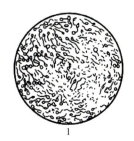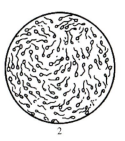

图4-26 精子密度估测示意

1—精子密度较高；2—精子密度中等；3—精子密度较低

4. 精液的稀释

（1）目的 扩大精液量；延长精液保存时间；中和副性腺分泌物对精子的有害作用；缓冲精液pH。

精液稀释倍数依据精子密度、活力等因素而定，一般稀释倍数为

1：（5～10）。

（2）方法 精液稀释液的种类及配制方法见表4-5，也可在市场上购买稀释液。稀释液应和精液在等温、等渗和等值（pH6.4～7.8）时进行稀释。稀释液要缓慢地沿容器壁倒入盛有精液的容器中（图4-27），不能反向，否则会影响精子的存活。如果需高倍（5倍以上）稀释的精液，最好分两次稀释，以免因环境突变而影响精子存活。

图4-27 精液稀释操作

表4-5 精液稀释液的种类及配制方法

稀释液种类	配制方法
0.9%生理盐水	可使用注射用生理盐水
5%葡萄糖稀释液	无水葡萄糖5.0克，加蒸馏水至100毫升；或使用5%葡萄糖溶液
11%蔗糖稀释液	蔗糖11克，加蒸馏水至100毫升
柠檬酸钠葡萄糖稀释液	柠檬酸钠0.38克，无水葡萄糖4.45克，卵黄1～3毫升，青霉素、链霉素各10万国际单位，加蒸馏水至100毫升
蔗糖卵黄稀释液	蔗糖11克，卵黄1～3毫升，青霉素、链霉素各10万国际单位，加蒸馏水至100毫升
葡萄糖卵黄稀释液	无水葡萄糖7.5克，卵黄1～3毫升，青霉素、链霉素各10万国际单位，加蒸馏水至100毫升
蔗乳糖稀释液	蔗糖、乳糖各5克，加蒸馏水至100毫升

注意事项：
（1）用具要清洁、干燥，事先要消毒；（2）蒸馏水、鸡蛋要新鲜，药品要可靠；（3）药品称量要准确；（4）药品溶解后过滤，隔水煮沸15～20分钟进行消毒，冷却到室温再加入卵黄和抗生素；（5）稀释液最好现配现用。即使放在3～5℃冰箱中，也以1～2天为限

5. 输精

(1) 一次的输精量　鲜精为0.5～1毫升，一般一次输入活精子数1000万～1500万个为宜；冻精0.3～0.5毫升，一般一次输有效精子数600万～900万个为宜。

(2) 输精次数　一般为一次。

(3) 输精方法　由一人把母兔头部保定，另一人左手提起兔尾，右手持输精器，并把输精器弯头向背部方向插入阴道6～8厘米，越过尿道口后，慢慢将精液注入近子宫颈处，使其自行流入两子宫开口中（图4-28～图4-32）。为了提高输精效率可采用连续输精器、设置专用输精台（图4-33～图4-35）

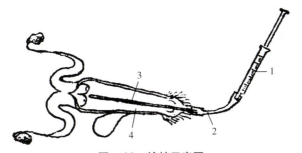

图4-28　输精示意图

1—注射器；2—连接管；3—输精管；4—母兔阴道

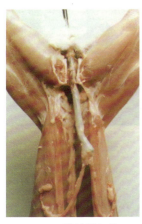

图4-29　输精的部位：子宫颈口

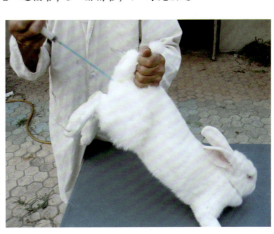

图4-30　输精（任克良）

图4-31　徒手输精

图4-32　输精台连续输精

图4-33　连续输精器

图4-35　转动式输精台

图4-34　输精台

6. 排卵刺激

肉兔属刺激性排卵动物。如不经任何刺激，母兔卵巢中的卵泡虽已成熟，卵泡液不会自然破裂排出卵子，因此输精的同时必须进行排卵处理。

（1）常用的处理方法

① 交配刺激。用不育或结扎输精管的公兔进行排卵刺激。仅适合于小群体人工授精。

② 激素或化合物刺激。常用的促排卵激素、化合物种类、剂量及注意事项见表4-6。注射方法见图4-36、图4-37。

表4-6　激素、化合物刺激排卵方法及注意事项

激素或药物种类	剂量	注射方式	注意事项
人绒毛膜促性腺激素（HCG）	20国际单位/千克体重	静脉	连续注射会产生抗体，4～5次后母兔受胎率下降明显
促黄体素（LH）	0.5～1.0毫克/千克体重	静脉	连续注射会产生抗体，4～5次后母兔受胎率下降明显
促性腺素释放激素（GnRH）	20～40微克/只	肌内	不会产生抗体
促排卵素3号（LRH-A$_3$）	0.5微克/只	肌内	输精前或输精后注射
瑞塞托（德国产）	0.2毫升/只	肌内、静脉或皮下	不会产生抗体
葡萄糖铜+硫酸铜	1毫克/千克体重	静脉	注射后10～12小时排卵效果良好

（2）输精时的注意事项

① 严格消毒。输精管要在吸取精液之前先用35～38℃的消毒液或稀释液冲洗2～3次，再吸入定量的精液输精。母兔外阴部要用0.9%盐水浸湿的纱布或棉花擦拭干净。输精器械要清洗干净，置于通风、干燥处备用。

图4-36　静脉注射刺激药物

图4-37　肌内注射激素

② 输精部位要准确。应将精液输到子宫颈处。插入太深，易造成单侧受孕，影响产仔数。切勿插到尿道口内而将精液输入到膀胱中。

第五节

提高肉兔繁殖力技术措施

采取切实可行的技术措施，提高兔群繁殖力，对兔群扩大和养兔经济效益的提高具有重要意义。

一、选养优良品种（配套系）、加强选种

优良品种、优良的肉兔配套系繁殖力一般比较好。同时加大兔群选育力度，选择性欲强、生殖器官发育良好、睾丸大而匀称、精子活力高且密度大和七八成膘的优秀青壮年公兔作种用，及时淘汰单睾、隐睾、生殖器官发育不全及患有疾病后治疗无明显好转的个体。母兔须从优良母兔的3～5胎中选育，乳头在4对以上，外阴端正。

二、合理进行营养供应

公、母兔日粮粗蛋白质以15%～17%为宜，其他营养元素（如维生素A、维生素E、锌、锰、铁、铜、硒等）也要添补。也可直接添加兔宝2号（山西省农业科学院畜牧兽医研究所科研成果）。冬春季节青饲料不足，种兔要添喂胡萝卜或大麦芽，以利配种受胎。母兔妊娠期间不宜过度饲养，这样可以减少胚胎死亡，提高母兔产仔数。

三、提高兔群中适龄母兔比例

保持兔群壮年兔占50%，青年兔占30%，降低老龄兔的比例。配套系的兔群每年更新率高。为此，每年须选留培养充足的后备兔作为补充。

四、人工催情

对不发情的母兔，除改善饲养管理外，可采用激素、性诱方法进行催情。

1. 激素催情

激素催情药物可采取静脉注射或肌内注射。

（1）孕马血清促性腺激素，每只兔皮下注射15～20国际单位，60小时后，再于耳静脉注射5微克促排卵2号或50单位人绒毛膜促性腺素，然后配种。

（2）促排卵2号，耳静脉注射5～10微克/只（视兔体重大小）。

（3）瑞塞托，肌内注射0.2毫克/只后，立即配种，受胎率可达72%。

2. 性诱催情

把不发情母兔和性欲旺盛的公兔关在一起1～2天。或将母兔放入公兔笼内，让公兔追、爬跨后捉回母兔（图4-38），一天一次，一般需2～3次。

3. 食物催情

喂给母兔大麦芽、黄豆芽。

五、改进配种方法

采用双重、重复交配或人工授精等方法可提高受胎率和产仔数。

图4-38　性诱催情

1. 双重配种

就是指一只母兔连续与两只公兔交配，中间相隔20～30分钟。

2. 重复配种

就是指第一次配种后间隔4～6小时再用同一公兔交配1次。

人工授精时严格消毒、仔细检查精子密度和活力、适当稀释、规范的操作可以提高母兔受胎率。

六、正确采取频密繁殖法

1. 频密繁殖

即血配，就是母兔产仔后1～2天内配种。

2. 半频密繁殖

是指母兔在产后12～15天内配种。

这两种方法必须在饲料营养水平和管理水平较高的条件下进行。采取频密繁殖之后，种兔利用年限缩短，自然淘汰率高，所以一定要及时更新繁殖母兔群。

七、及时进行妊娠检查，减少空怀

配种后及时进行妊娠检查，对空怀母兔及时进行配种。

八、科学控光控温，缩短"夏季不孕期"

每天补充光照至16小时，光照强度20勒克斯，有利于母兔发情。夏季高温季节采取各种降温措施，避免和缩短夏季不孕期。

九、严格淘汰，定期更新

定期进行繁殖成绩及健康检查，对年产仔数少、老龄、屡配不孕、有食仔恶癖、患有严重乳腺炎、子宫积脓等的母兔及时淘汰。同时将优秀青年种兔及时补进群内。

十、推广工厂化周年循环繁殖模式

目前肉兔规模化养殖多采用35天/42天/49天/56天繁育模式，该模式是目前国内外规模肉兔场应用较广泛的高效繁育技术。

第六节

工厂化周年循环繁殖模式

目前，国内外广泛采用的工厂化周年循环繁殖模式可以极大地提高兔群繁殖力，是一项值得推广的综合技术。

一、模式特点

（1）每只母兔每年可繁育7～8窝。

(2)需要同期发情、同期排卵和人工授精等技术的配合。

(3)需要较高的营养供给。这种繁育模式对母兔和公兔的生理压力较大,必须供给充足的营养。

(4)必须有"全进全出"的现代化养殖制度配合,以减少疾病的发生。

二、配套技术及设施

1. 优良的品种(配套系)

适宜工厂化周年循环繁殖模式的兔群品种必须是经过高度选育的品种或配套系,这样其繁殖性状一致,能够达到产仔数高而稳定,同窝仔兔均匀度高,生长发育整齐,能够同期出栏。目前肉兔广泛采用的配套系可以达到这一要求。

2. 同期发情技术

采取物理或化学的技术手段,促使母兔群同期发情,常用的有以下几种。

(1)光照控制 如图4-39所示,从授精11天后到下次授精前的6天,光照12小时,7～19时;从授精前的6天到授精后的11天,16小时光照,7～23时。密闭兔舍方便进行光照控制,对开放式或半开放式兔舍需要采用遮挡的方式控制自然光照的影响。光照强度在60～90勒克斯。生产中要根据笼具类型灵活掌握(图4-40)。

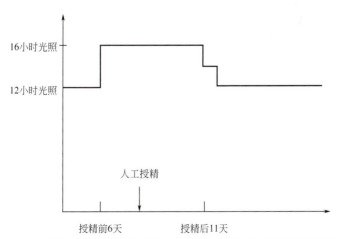

图4-39 光照程序示意图(谷子林,秦应和,任克良《中国养兔学》)

（2）饲喂控制

① 后备母兔：对后备母兔首次人工授精操作时，在人工授精的前6天开始，从限制饲喂模式转为自由采食模式，加大饲料饲喂量，给后备母兔造成食物丰富的感觉，同样有利于同期发情。

② 未哺乳的空怀母兔：采取限制饲喂措施，在下一次人工授精之前的6天起再自由采食，也能起到促进发情的作用。

对正在哺乳期的未怀孕母兔不能采取限制饲喂，应和其他哺乳母兔一样自由采食。

后备母兔和空怀母兔限制饲喂，范围在160～180克，但也要根据饲料营养浓度和季节灵活掌握，以保持母兔最佳体况，维持生产能力为准。在母兔促发情阶段和哺乳期间应采取自由采食的方式。

图4-40　光照刺激母兔同期发情

（3）哺乳控制　据欧洲大型兔场实践经验介绍，对于正在哺乳的母兔采取哺乳控制可以达到同期发情的目的。

人工授精前的哺乳程序：人工授精之前36～48小时将母兔与仔兔隔离，停止哺乳，在人工授精时开始哺乳，可提高母兔发情和受胎率。

（4）激素应用　在人工授精前48～50小时注射25国际单位的孕马血清（PMSG），促进母兔发情。激素的质量对促发情效果影响较大。质量不稳定的激素很容易造成繁殖障碍。

3. 配套设施

开展工厂化周年循环繁殖模式的兔场，要有科学的兔舍和笼具，完善的兔舍环境控制设备，其中以"品"字形单层或两层为宜；兔舍采用全封闭式有利于同期发情处理；兔舍要有加温、降温、通风等设施，保障兔舍适宜的温度和良好的环境。

4. 饲养技术

处于工厂化周年循环繁殖模式的兔群，全年处于高度繁育强度下，需要供给全价的均衡营养的饲粮，同时根据不同时期采取相应的饲养方式，这样才能达到预期的目标。

三、不同间隔繁殖模式

根据间隔时间长短可分为49天、56天和42天等模式。

1. 49天繁殖周期模式

49天繁殖周期模式是指两次配种时间的间隔为49天，于母兔产后18天再次配种，可实现每年6窝的繁殖次数，平均每只母兔提供出栏商品兔为40只左右甚至更多。

49天繁殖周期模式每个批次间的间隔为一周，每个批次在49天轮回一次生产，见图4-41～图4-44和表4-7。

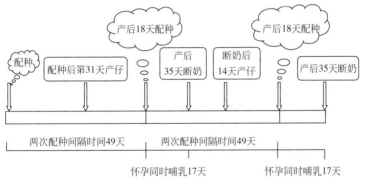

图4-41　49天繁殖周期模式示意图（1）

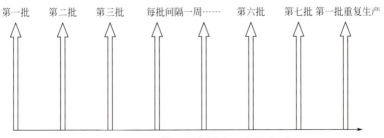

图4-42　49天繁殖周期模式示意图（2）

表4-7 采取集中繁育后工作日程的标准化、规律化示意表
（以49天繁殖周期模式为例）

周次	周一	周二	周三	周四	周五	周六	周日
第1周					催情-1		
第2周	配种-1				催情-2		
第3周	配种-2				催情-3	摸胎-1	
第4周	配种-3				催情-4	摸胎-2	
第5周	配种-4				催情-5	摸胎-3	
第6周	配种-5	放产箱-1	产仔-1	产仔-1	产仔-1，催情-6	摸胎-4	
第7周	配种-6	放产箱-2	产仔-2	产仔-2	产仔-2，催情-7	摸胎-5	休息
第8周	配种-7	放产箱-3	产仔-3	产仔-3	产仔-3，催情-1	摸胎-6	
第9周	配种-1	放产箱-4	产仔-4 / 撤产箱-1	产仔-4	产仔-4，催情-2	摸胎-7	
第10周	配种-2	放产箱-5	产仔-5 / 撤产箱-2	产仔-5	产仔-5，催情-3	摸胎-1	
第11周	配种-3	放产箱-6	产仔-6	产仔-6	产仔-6，催情-4	摸胎-2	

注：工作后缀数字代表批次。例如：配种-1代表第一批母兔配种。

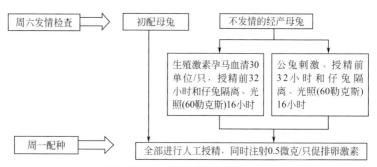

图4-43 肉兔集中催情排卵流程图

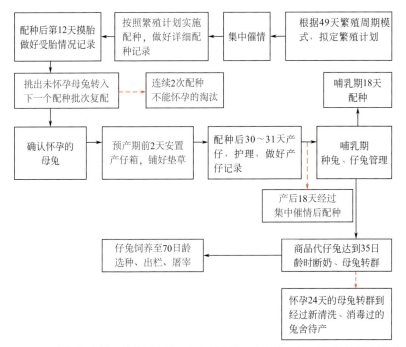

图4-44 肉兔集中繁育流程（以49天繁殖周期模式为例，35天和42天繁育模式区别是在产后4天和11天配种）

全进全出的批次化繁殖模式有以下几方面的优点。

① 便于组织生产，年初制订繁殖计划时，可以明确每天的具体工作内容和工作量。

② 每周批次化生产，减少了发情鉴定、配种、摸胎等零散烦琐的工作，使这些操作集中进行，饲养人员有更多的时间照顾种兔和仔兔。

③ 全进全出，彻底清扫、清洗、消毒，减少疾病的发生，提高成活率。

④ 采取人工授精，减少了种公兔的饲养数量，降低了养殖成本。

⑤ 员工工作规律性强，便于培训和员工成长，员工可以有休息日和节假日，有利于留住人才。

2.56天繁殖周期模式

将母兔分为8组，每周给其中1组配种，进行轮流繁育，56天为一个繁殖周期。一年繁殖6.5胎。具体工作流程见表4-8。

表4-8　56天繁殖周期模式工作流程表

周次	星期一	星期二	星期三	星期四	星期五	星期六	星期日
第1周	配种-1						
第2周	配种-2					摸胎-1	
第3周	配种-3					摸胎-2	
第4周	配种-4					摸胎-3	
第5周	配种-5	放产箱-1		接产-1	接产-1	摸胎-4	
第6周	配种-6	放产箱-2		接产-2	接产-2	摸胎-5	
第7周	配种-7	放产箱-3		接产-3	接产-3	摸胎-6	
第8周	配种-8	放产箱-4	撤产箱-1	接产-4	接产-4	摸胎-7	
第9周	配种-1	放产箱-5	撤产箱-2	接产-5	接产-5	摸胎-8	断奶-1
第10周	配种-2	放产箱-6	撤产箱-3	接产-6	接产-6	摸胎-1	断奶-2
第11周	配种-3	放产箱-7	撤产箱-4	接产-7	接产-7	摸胎-2	断奶-3
第12周	配种-4	放产箱-8	撤产箱-5	接产-8	接产-8	摸胎-3	断奶-4
第13周	配种-5	放产箱-1	撤产箱-6	接产-1	接产-1	摸胎-4	断奶-5
第14周	配种-6	放产箱-2	撤产箱-7	接产-2	接产-2	摸胎-5	断奶-6
第15周	配种-7	放产箱-3	撤产箱-8	接产-3	接产-3	摸胎-6	断奶-7
第16周	配种-8	放产箱-4	撤产箱-1	接产-4	接产-4	摸胎-7	断奶-8
第17周	配种-1	放产箱-5	撤产箱-2	接产-5	接产-5	摸胎-8	断奶-1

注：工作后缀数字代表批次。例如：配种-1代表第一批母兔配种。

3. 42天繁殖周期模式

详见第七章第三节。

第五章 肉兔营养需要与绿色配合饲料生产技术

根据肉兔营养需要，选择适宜的饲料种类，配制、生产优质绿色的配合饲料是养好肉兔、降低成本、保证规模兔群健康发展和取得较高经济效益的重要保证。

第一节 肉兔的营养需要

一、能量需要

能量是维持肉兔生命及生产活动（生长、繁殖、泌乳等）的首要条件。肉兔所需的能量多数由碳水化合物提供，少量由脂肪提供，有时也可由过量的蛋白质提供。

肉兔所需能量一般用消化能来表示。能量单位为焦耳（J），1千焦（kJ）=1000焦（J），1兆焦（MJ）=1000千焦。

肉兔具有根据饲粮能量浓度调整采食量的能力。然而，只有在饲粮的消化能（DE）超过9.41兆焦/千克时，肉兔才可能通过调节采食量来实现稳定的能量摄入量。

影响肉兔能量需要量的因素有品种、生理阶段、年龄、性别和环境温度等，不同生理阶段兔的能量需要量不同。

1. 生长兔的能量需要

生长兔的平均维持需要消化能约为418.4千焦/千克，根据析因法计算出：生长兔（0.8～2.4千克）总消化能需要包括维持需要和生长需要，大约需要1300千焦/日，如果饲粮消化能为11.3千焦/千克，那么，饲喂量一天必须达到115克，才能满足需要。

2. 繁殖母兔的能量需要

母兔的能量需要量=维持需要+泌乳需要+妊娠需要+仔兔生长需要。母兔能量需要量与所处生理阶段等有关，表5-1是不同生理阶段高产母兔总的能量需要量。

表5-1　高产母兔在繁殖周期不同阶段的能量需要量
[4千克标准母兔的需要量（千焦/日）]

阶段		维持	妊娠	泌乳	总计	饲料/（克/日）
青年母兔（妊娠）（3.2千克）		240	130	—	370	148
妊娠母兔	0～23天	285	95	—	385	154
	23～31天	285	285	—	570	228
泌乳母兔	10天	310	—	690	1000	400
	17天	310	—	850	1160	464
	25天	310	—	730	1160	464
泌乳+妊娠	10天	310	—	690	1000	400
	17天	310	95	850	1255	502
	25天	310	95	730	1135	454

注：资料选自Maerens。
1. 假定每千克饲粮能量为10.46千焦。
2. 产奶量：10天时，235克；17天时，290克；25天时，220克。

3. 能量不足或过量的危害

能量不足，生长兔增重速度减慢，饲料利用率下降。能量过高时，消化道疾病发病率升高；母兔肥胖，发情紊乱，不孕、难产或胎儿死亡率升高；公兔配种能力下降；饲料成本升高。

二、蛋白质需要

蛋白质是维持生命活动的基本成分。是兔体、兔皮、兔毛生长不可缺少的营养成分。蛋白质品质好坏取决于组成蛋白质的氨基酸种类、数量及氨基酸之间的比例合适与否。肉兔有蛋氨酸、赖氨酸、精氨酸、苏氨酸、组氨酸、异亮氨酸、亮氨酸、苯丙氨酸、色氨酸、缬氨酸10种必需氨基酸。生产中使用普通饲料原料时，赖氨酸、含硫氨基酸和苏氨酸是第一限制性氨基酸。

肉兔对蛋白质的需要不仅要求一定的数量，而且要求一定的品质。

1. 生长兔蛋白质需要

一般认为，生长兔每4184千焦消化能需要46克可消化粗蛋白质。兔饲粮蛋白质消化率平均为70%，饲粮消化能含量为10.04 千焦/千克时，就可计算粗蛋白质含量：

最低饲粮的粗蛋白质含量=46×2.4/0.70 = 158克/千克或15.8%。

2. 繁殖母兔粗蛋白质需要

兔乳中蛋白质、脂肪含量丰富，为牛乳的3～4倍，其能值大约有1/3由蛋白质提供，因此繁殖母兔每4184千焦消化能需51克可消化粗蛋白质。饲粮蛋白质的平均消化率为73%，饲粮消化能含量为10.46兆焦/千克，计算出粗蛋白质含量为：

泌乳的最低粗蛋白=51×2.5/0.73 = 175克/千克或17.5%。

3. 成年兔粗蛋白质需要

成年兔用于维持的粗蛋白质需要量很低，一般13%就足以满足其需要了。表5-2中列出了不同生理阶段兔的饲粮粗蛋白质、最低氨基酸推荐量。

表5-2 肉兔饲粮粗蛋白质、最低氨基酸推荐量

饲粮水平（89%～90%的干物质）	繁殖母兔	断奶兔	育肥兔
消化能/(兆焦/千克)	10.46	9.52	10.04
粗蛋白/%	17.5	16.0	15.5
可消化蛋白/%	12.7	11.0	10.8
精氨酸/%	0.85	0.90	0.90
组氨酸/%	0.43	0.35	0.35
异亮氨酸/%	0.70	0.65	0.60
亮氨酸/%	1.25	1.10	1.05
赖氨酸/%	0.85	0.75	0.70
蛋氨酸+胱氨酸/%	0.62	0.65	0.65
苯丙氨酸+酪氨酸/%	0.62	0.65	0.65

续表

饲粮水平（89%~90%的干物质）	繁殖母兔	断奶兔	育肥兔
苏氨酸/%	0.65	0.60	0.60
色氨酸/%	0.15	0.13	0.13
缬氨酸/%	0.85	0.70	0.70

注：选自 Maertens。

4. 蛋白质不足或过量的危害

蛋白质不足时，生长速度下降；母兔发情不正常、胎儿发育不良、泌乳量下降；公兔精子密度小，品质下降；换毛期延长；獭兔被毛质量下降。毛兔产毛量下降，品质也下降。

蛋白质过高，饲料成本增加，引起肾损伤，大量的氮排放导致环境污染加剧。

三、粗纤维需要

肉兔属单胃草食动物，其消化道能有效地利用植物性饲料，同时也产生对植物纤维的生理需要。

1. 粗纤维的生理作用

提供能量；维持正常胃肠道消化生理功能；粗纤维在保持消化物稠度，形成粪便以及食物在消化道运转过程中起一定作用；预防毛球病（图5-1）；减少异食癖。

2. 粗纤维的需要

传统观点认为，肉兔饲粮中粗纤维含量以12%～16%为宜。粗纤维含量低于6%会引起腹泻。粗纤维含量过高，生产性能下降。

现代肉兔营养研究结果表明，传统的"粗纤维"已经不能评价饲料的纤维营养状态，取而代之的膳食纤维的营养概念。纤维推荐量应以中性洗涤剂纤维（NDF）、酸性洗涤纤维（ADF）、

图5-1 兔胃中取出的毛球

酸性洗涤木质素（ADL）、淀粉和纤维颗粒大小等表示。

（1）NDF、ADF 和 ADL 的需要　研究表明，细胞壁成分（粗纤维或 ADF）含量高的饲粮可以降低兔的死亡率。纤维的保护性作用表现为刺激回肠-盲肠运动，避免食糜存留时间过长。饲粮中的纤维不仅在调节食糜流动中起重要作用，而且也决定了盲肠微生物增殖的范围。

饲粮中不仅要有一定量的粗纤维，其中木质素要有一定水平。法国研究小组已经证实了饲粮中木质素（ADL）对食糜流通速度的重要作用及其防止腹泻的保护作用。饲粮中的木质素（ADL）越高，肉兔因消化道疾病导致的死亡率呈现下降趋势。

消化功能紊乱所导致的死亡率与他们试验饲粮中的 ADL（木质素）水平密切相关（$r=0.99$）。关系式表示如下：

$$死亡率（\%）=15.8-1.08ADL$$

以上关系式表示，随着饲粮中木质素（ADL）含量的增加，肉兔消化道疾病导致的死亡率呈现下降的趋势。

（2）淀粉含量　除了纤维，淀粉在营养与肠炎的互作中也起着重要作用。青年兔的胰腺酶系统还不完善，当饲喂淀粉含量高的饲粮时，可能会导致大量淀粉进入盲肠。尤其是抗水解能力很强的饲粮淀粉（玉米）可能会导致淀粉在盲肠中过量。在回肠中，如果纤维摄入量的增加不能与淀粉的增加同步，就可能造成盲肠微生物区系的不稳定。因此饲粮中淀粉含量高的玉米比例不宜过高。

（3）较大纤维颗粒的比例　肉兔对纤维的需要，同时也包括对颗粒大小的推荐值。养兔实践中由于粉碎条件或使用一些颗粒细小的木质化副产品（如稻壳或红辣椒粉），饲粮中含有大量木质素，也可能会出现大颗粒含量的不足。因此，为达到兔的最佳生产性能，降低消化功能紊乱的风险，饲粮中必须有足够数量的较大颗粒。据 De Blas 研究，饲粮中大颗粒（0.315 毫米）的最低比例是 25%。生产中经常出现饲粮中粗饲料比例很高也会导致消化功能紊乱的情况，可能是粗饲料粉碎的粒度过小所致。

为确保食糜以正常流通速度通过消化道，表 5-3 中给出了饲粮中纤维和淀粉的推荐量。纤维推荐量以平均水平为基础。根据健康状况，这个值可适当增加或减少。

表5-3　饲粮中纤维和淀粉的推荐量

饲粮水平（85%～90%干物质）	繁殖母兔	断奶的青年兔	育肥兔
淀粉/%	自由采食	13.5	18.0
酸性洗涤纤维（ADF）/%	16.5	21	18
酸性洗涤木质素（ADL）/%	4.2	5.0	4.5
纤维素（ADF-ADL）/%	12	16	13.5

注：资料来自Maertens。

四、脂肪需要

脂肪是肉兔能量的重要来源，也是必需脂肪酸和脂溶性维生素（维生素A、维生素D、维生素E和维生素K）溶剂的来源。

日粮中添加适量的脂肪，可提高饲料适口性，有利于脂溶性维生素的吸收，同时增加被毛的光泽。肉兔日粮中脂肪适宜量为3%～5%。最新研究表明，育肥兔日粮脂肪比例增加到5%～8%，可促进育肥性能和毛皮质量的提高。添加较高的脂肪需将脂肪喷到颗粒料上。

添加脂肪以植物油为好，如玉米油、大豆油和葵花油等。

脂肪含量过低、过高的影响：脂肪含量过低，会引起维生素A、维生素D、维生素E和维生素K营养缺乏症。

脂肪含量过高：饲粮成本升高，不易贮存，增加了胴体脂肪含量；饲料不易颗粒化；在热环境下，会减少肉兔热应激的潜力。

五、水的需要

水是兔体的主要成分，约占体内瘦肉重的70%。水对饲料的消化、吸收、机体内的物质代谢、体温调节都是必需的。肉兔缺水比缺料更难维持生命。

水的来源有饮用水、饲料水和代谢水。仅喂青绿粗饲料时，可能不需饮水，但对生长发育快、泌乳母兔供给饮水还是必要的。

肉兔可以根据饲料和环境温度调节饮水量。在适宜的温度条件下，青年兔采食量与饮水量的比率稍低于1.7∶1。成年兔这一比率则接近2∶1。

饮水量和采食量随环境温度和湿度的变化而变化，因此建议自由饮水（图5-2）。

缺水的影响：生长兔采食量急剧下降，并在24小时内停止采食。母兔泌乳量下降，仔兔生长发育受阻。

限制饮水量或饮水时间，会导致饲料采食量与饮水量呈比例下降，因此有时被用来作为限制饲养的间接方法。但是从动物福利的观点出发，这种方法是不能被接受的。

图5-2　自由饮水

饮用水应该清洁、新鲜、不含生物物质和化学物质。

肉兔无缘无故地减少采食量，必须首先考虑有无饮水或检查饮水是否被污染，然后考虑是否患病。要定期检查水桶、水管是否被兔毛堵塞或被苔藓所污染。

六、矿物质需要

矿物质是肉兔机体的重要组成成分，也是机体不可缺少的营养物质，其含量占机体5%左右。矿物质可分为常量元素（Ca, P, Cl, Na, Mg, K）和微量元素（Mn, Zn, Fe, Cu, Mo, Se, I, Co, Cr, F）。前者需要量大于后者。

表5-4中给出了不同矿物质元素的生理功能、推荐量和缺乏、过量症。为减少对环境污染，应避免饲粮中矿物质过量。

七、维生素需要

维生素是维持肉兔正常生命活动过程中所必需的一类低分子有机化合物。维生素分为两类：脂溶性维生素和水溶性维生素。脂溶性维生素有维生素A、维生素D、维生素E、维生素K；水溶性维生素有维生素B_1、维生素B_2、维生素PP、维生素B_6、维生素B_{12}、维生素C、泛酸、叶酸和生物素等。兔体虽对维生素需要量不大，但不能缺乏，否则会引起生产性能降低或某些疾病。

肉兔可以通过肠道微生物、皮肤等合成维生素K、B族维生素、维生素D和维生素C，一般不需要添加，但对集约化兔群要进行添加。其他维生素（如维生素A和维生素E）则完全依赖于日粮供给。

各种维生素的生理功能、推荐量、缺乏症及中毒症见表5-5。

表5-4 矿物质元素的生理功能、推荐量和缺乏症、过量症

种类	生理功能	推荐量 生长兔	推荐量 泌乳兔	缺乏症、过量症	备注
钙（Ca）和磷（P）	钙磷约占体内总矿物质的65%~70%，是骨骼的主要成分，参与骨骼的形成。钙在血液凝固、调节体内酸碱平衡中起重要作用，还参与磷、镁、氮的代谢。磷是细胞兴奋性及维持正常肌肉收缩、神经组织中磷脂、磷蛋白和其他化合物的成分，参与蛋白质、碳水化合物和脂肪代谢。磷是血液中重要的缓冲物质	0.5%（Ca），0.3%（P）	1.1%（Ca），0.8%（P）	缺乏钙、磷和维生素D时，幼兔引起佝偻病；成年兔可发生骨软作用。怀孕母兔在产前和产后发生综合征，表现为食欲缺乏、抽搐、肌肉震颤，耳下垂、侧卧躺地、最终死亡。过高的磷可引起钙质低磷结石；导致软组织的钙化和降低磷的吸收。过量的磷可能降低采食量和降低母兔的产胎率	钙磷比例2∶1为宜。过量的磷对环境产生不利影响
钠（Na）和氯（Cl）	钠和氯在维持细胞外液的渗透压中起重要作用。钠离子和其他离子一起参与维持机体组织的兴奋性，神经肌肉的正常活动。神经组织的传递过程，并保持消化液呈碱性。氯则参与胃酸的形成，保证胃蛋白酶作用所需的pH值，故与消化功能有关	0.5%的食盐	0.3%的食盐	长期缺乏钠、氯会影响仔兔的生长发育和母兔的泌乳量，并使饲料的利用率降低。过高时，会引起肉兔中毒，病初食欲减退，精神沉郁，结膜潮红、腹泻、口渴；随即兴奋不安，头部震颤，步履蹒跚；严重时呈全身麻痹样痉挛，呼吸困难；最后昏迷而死而站立不稳，昏迷而死	注意Na⁺、K⁺和Cl⁻之间的电解质平衡，否则会影响对热应激的抗性、肾功能和产褥热症等
镁（Mg）	镁是骨骼和牙齿的成分，为骨骼正常发育所必需。作为多种酶的活化剂，在糖、蛋白质代谢中起重要作用。保证神经、肌肉的正常功能	0.03%	0.04%	镁不足，肉兔生长停滞，食毛，神经、肌肉兴奋性提高，发生痉挛。每千克饲料中含镁量低至5.6毫克时，会发生脱毛，耳朵苍白，被毛结构与光泽变差。过量的镁会通过尿排出，所以，多量添加镁很少导致尿排出作用	

续表

种类	生理功能	推荐量 生长兔	推荐量 泌乳兔	缺乏症、过量症	备注
钾（K）	在维持细胞内液渗透压、酸碱平衡和神经、肌肉兴奋中起重要作用，同时还参与糖的代谢。钾还可促进粗纤维的消化	0.8%	0.9%	缺钾时会发生严重的进行性肌肉不良等病理变化，包括肌肉无力、瘫痪和呼吸困难。钾过量时，采食量下降，肾炎发病率高	过量的钾离子会妨碍镁的吸收
硫（S）	硫的作用主要通过含硫有机物来实现，如含硫氨基酸合成体蛋白、被毛和多种激素。硫作为黏多糖的成分参与碳水化合物的代谢，硫胺素参与糖的成分参与胶原和结缔组织的代谢等。硫对毛、长毛兔、獭兔对硫有重要作用，因此，长毛兔、獭兔对硫的需要具有特殊意义	0.04%	—	硫缺乏时表现皮毛质量下降，表现为粗毛率提高，皮张质量下降，毛兔产毛量下降	硫与钼呈拮抗作用
铁（Fe）	铁为形成血红蛋白和肌红蛋白所必需，是细胞色素类和多种氧化酶的成分	50毫克/千克饲料	50毫克/千克饲料	兔缺铁时则发生低血红蛋白贫血和其他不良现象。兔初生时机体就储有铁，一般断乳前是不会患缺铁性贫血的	
铜（Cu）	铜是多种氧化酶的组成成分，参与机体许多代谢过程，促进造血，铜在造血过程中起重要作用。此外，铜与骨骼的正常发育、繁殖和中枢神经系统机能密切相关，还参与毛中蛋白质的形成	10毫克/千克饲料	10毫克/千克饲料	铜缺乏时，会引起肉兔贫血、发育受阻，有色毛脱色，生长骨骼发育异常、异嗜、毛质粗硬，经症状、腹泻及生产能力下降。高铜（100~400毫克/千克饲料）能够提高肉兔的生长性能	高铜对环境造成负面影响

续表

种类	生理功能	推荐量 生长兔	推荐量 泌乳兔	缺乏症、过量症	备注
锌(Zn)	锌为体内多种酶的成分，其功能与呼吸有关，为骨骼正常生长和发育所必需，也是上皮组织形成和维持其正常机能所不可缺少的。锌对兔的繁殖有重要作用	50毫克/千克饲料	70毫克/千克饲料	锌缺乏时表现为掉毛、皮炎、体重减轻，食欲下降，嘴周围肿胀、下颌及颈部毛湿而无光泽，繁殖功能受阻，母兔拒配、不排卵，自发流产率增高，分娩过程出现大量出血，公兔睾丸和副性腺萎缩等。饲料中钙含量高时，极易出现锌缺乏症	高锌对铜的利用作用呈拮抗作用；锌的来源以氧化锌为宜
锰(Mn)	参与骨骼基质中硫酸软骨素的形成，为骨骼正常发育所必需。锰与繁殖、神经系统及碳水化合物和脂肪代谢有关	8.5毫克/千克饲料	8.5毫克/千克饲料	缺乏时骨骼发育不正常，繁殖功能降低，表现为腿弯曲，骨脆，骨骼重量、密度、长度及灰分量减少等症状。母兔则表现为不易受胎或生产弱小的仔兔。过量时能抑制血红蛋白的形成，甚至可能产生其他毒副作用	
钴(Co)	钴是维生素B_{12}的组成成分，也是很多酶的成分，与蛋白质、碳水化合物代谢有关。肉兔消化道微生物利用无机钴合成维生素B_{12}	0.25毫克/千克饲料	0.25毫克/千克饲料	很少患缺乏症	

续表

种类	生理功能	推荐量 生长兔	推荐量 泌乳兔	缺乏症、过量症	备注
碘（I）	碘是甲状腺素的组成部分，碘还参与机体几乎所有的物质代谢过程	0.2毫克/千克饲料	0.2毫克/千克饲料	缺碘时，表现甲状腺明显肿大，当饲料中存在甲状腺肿物原性（如甘蓝、芜菁和油菜籽这样的芸薹属植物等），这种病的仔兔发生率就会增加。母兔生产的仔兔体弱或死胎，仔兔生长发育受阻或死亡率增加并引起碘中毒	使用海产盐，无需再补加碘源
硒（Se）	硒是机体肉过氧化酶的成分，它参与组织中过氧化物的解毒作用，但肉兔防止过氧化物损害方面，主要依赖于维生素E而不是硒	—	—	缺硒症状是肌肉营养不良，只能通过加入维生素E才能缓解和治疗，加入硒则无任何效果	

表5-5 维生素的生理功能、推荐量、缺乏症及中毒症

种类	生理功能	机体可否合成	推荐量	缺乏症、中毒症	备注
维生素A	防止夜盲症和干眼病，保证兔正常生长、骨骼、牙齿正常发育，保护皮肤、消化道、呼吸道和生殖道的上皮细胞完整。增强兔体抗病能力	—	6000~12000国际单位/千克饲料	缺乏时，易引起繁殖力下降（降低母兔的受胎率、产奶量，增加流产率和胎儿吸收率），眼病和皮肤病。过量时，易引起中毒反应	

续表

种类	生理功能	机体可否合成	推荐量	缺乏症、中毒症	备注
维生素D	对钙、磷代谢起重要作用	+（皮肤）	900～1000国际单位/千克饲料	缺乏时，引起生长肉兔的软骨病（佝偻病）、成年肉兔的骨软化症和产后瘫痪。过量时可诱发钙质沉着症。日粮中添加高铜可以抑制钙质沉着症的发生	
维生素E（生育酚）	主要参与维持正常繁殖功能和肌肉的正常发育，任细胞肉具有抗氧化作用	—	40～60毫克/千克饲料	缺乏时，主要症状是生长兔的肌肉萎缩症（营养不良）和繁殖性能下降及妊娠母兔的流产率和死胎增加，还可引起心肌损伤、渗出性素质、肝功能障碍、水肿、溃疡病无乳症等	繁殖器官感染和发炎症以及患球虫病时，维生素E需求量增加
维生素K	与凝血机制有关，是合成凝血素和其他血浆凝固因子所必需的物质，最新研究表明，也与骨钙素代谢有关	+（肠道微生物）	1～2毫克/千克饲料	缺乏时，导致生长兔出血以及妊娠母兔会发生胎盘出血及流产。肝型球虫病和某些含有双香豆素的饲料（如草木樨）能影响维生素K的吸收利用	饲料中含有抗代谢药物（如霉变原料、氨丙啉）时，需增加维生素K的补充量
维生素B_1（硫胺素）	是糖和脂肪代谢过程中某些酶的辅酶	+（肠道微生物）	0.8～1.0毫克/千克饲料	缺乏时，典型症状为神经障碍，心血管损害和食欲缺乏，有时会出现神经系统的共济失调和肌松池性瘫痪等	
维生素B_2（核黄素）	构成一些氧化还原酶的辅酶，参与各种物质代谢	+（肠道微生物）	3～5毫克/千克饲料	缺乏时，表现在眼、皮肤和神经系统以及繁殖性能低等	

续表

种类	生理功能	机体可否合成	推荐量	缺乏症、中毒症	备注
维生素B₅（泛酸）	辅酶A的组成成分，辅酶A在碳水化合物、脂肪和蛋白质代谢过程中起着重要作用	+（肠道微生物）	20毫克/千克饲料	缺乏时，生长减缓，皮毛受损，神经系统紊乱，胃肠道功能素乱，肾上腺功能受损和抗感染力下降。易发生皮肤和眼部疾病	
生物素（维生素H）	参与体内许多代谢反应，包括蛋白质与碳水化合物的相互转化，碳水化合物与脂肪的相互转化	+（肠道微生物）	0.2毫克/千克饲料	缺乏时，表现皮肤发炎、脱毛和继发性跛行等	饲喂含有抗生物素蛋白的生蛋白时，易出现缺乏症
维生素B₃（烟酸、尼克酸）	与体内脂类、碳水化合物、蛋白质代谢有关。其作用是保护组织的完整性，特别是对皮肤，胃肠道和神经系统的组织完整性起到重要作用	+（肠道微生物、组织内）	50～180毫克/千克饲料	缺乏时，引起脱毛、皮炎、毛粗糙、腹泻、食欲缺乏和溃疡性病损，缺乏时，会出现细菌感染和肠道环境的恶化	饲料中色氨酸可以转化为尼克酸
维生素B₆（吡哆素）	包括吡哆醇、吡哆醛和吡哆胺。参与有机体氨基酸、脂肪和碳水化合物的代谢，具有提高生长速度和加速血凝速度的作用，对球虫病的损伤有特殊意义	+（肠道微生物）	0.5～1.5毫克/千克饲料	缺乏时，导致生长迟缓，皮炎、惊厥、贫血、皮肤粗糙、脱毛、腹泻和脂肪肝等症状。还可导致眼和鼻周围发炎，耳周围皮肤出现鳞状增厚，前肢脱毛和皮肤脱屑	

续表

种类	生理功能	机体可否合成	推荐量	缺乏症、中毒症	备注
胆碱	作为磷脂的一种成分来建造和维持细胞结构；在肝脏的脂肪代谢中防止异常脂质的积累；生成能够传递神经冲动的乙酰胆碱；贡献不稳定的甲基，以生成蛋氨酸、甜菜碱和其他代谢产物	在肝脏中合成	200毫克/千克饲料	缺乏时，表现为生长迟缓，脂肪肝和肝硬化，以及肝小管坏死，发生进行性肌肉营养不良	甜菜碱可以部分取代胆碱的需要（甲基供体）
叶酸	叶酸的作用与核酸代谢有关，对正常血细胞的生长有促进作用	+（肠道微生物）	生长育肥兔：0.1毫克/千克饲料；母兔1.5毫克/千克饲料	缺乏时，血细胞的发育和成熟受到影响，发生贫血和血细胞减少症	母兔饲粮中额外补充5毫克的叶酸可以提高生产性能和多胎性
维生素B_{12}（钴胺素）	有增强蛋白质的效率，促进幼小动物生长的作用	+（肠道微生物，合成与钴相关）	10毫克/千克饲料	缺乏时，则生长停滞，被毛蓬松，皮肤发炎，腹泻，后肢运动失调，对母兔受胎率、繁殖率及泌乳有影响	
维生素C（L-抗坏血酸）	参与细胞间质的生成及体内氧化还原反应，参与胶原蛋白和肉碱的生物合成，刺激粒性白细胞的吞食活性。防止维生素E被氧化。具有抗热应激作用	+（肠道微生物）；能够在肝脏中从D-葡萄糖合成	50~100毫克/千克饲料	缺乏时，则发生坏血病，生长停滞，体重降低，关节变软，身体各部出血，导致贫血	添加维生素C须采用包被形式，以免被氧化，尤其在潮湿条件下以及与铜、铁和其他微量元素接触的情况下

注："+"为可以合成。

第二节

肉兔常用饲料营养特点及利用

一、蛋白质饲料

凡粗蛋白含量在20%以上的饲料称为蛋白质饲料。蛋白质饲料是肉兔饲料蛋白质的主要来源。因其价格较高,生产中要合理使用。

肉兔常用的蛋白质饲料有大豆、豆饼(粕)、花生饼(粕)、葵花饼(粕)、芝麻饼、玉米蛋白粉、棉籽饼(粕)、菜籽饼(粕)、鱼粉和饲料酵母等,其营养成分见表5-6。

表5-6 肉兔常用的蛋白质饲料营养成分参考值

饲料名称	干物质/%	粗蛋白/%	粗纤维/%	粗灰分/%	钙/%	磷/%	消化能/(兆焦/千克)
大豆粕	86.1	43.25	6.22	6.04	0.13	0.62	14.37
花生饼	88.0	44.7	11.8	7.3	0.65	1.07	14.39
葵花饼	88.0	29.0	5.9	5.1	0.25	0.53	8.79
芝麻饼	90.4	41.9	2.8	11.2	2.8	1.17	16.32
玉米蛋白	—	25.69	7.04	11.91	0.63	0.92	—
菜籽饼	91	39.66	12.75	8.74	0.65	1.02	12.51
棉籽饼		33.28	19.23	7.04	0.21	0.83	11.56
鱼粉	88.0	52.5	0.4	20.4	5.74	3.12	12.89
酵母粉	89.5	44.8	4.8	—	—	—	11.18

二、能量饲料

粗纤维含量在18%以下、粗蛋白含量低于20%的饲料称为能量饲料。能量饲料是配合饲料中肉兔的主要能量来源。常用的有谷类籽实、糠麸类等(表5-7)。

表5-7 肉兔常用的能量饲料营养成分参考值

饲料名称	干物质/%	粗蛋白/%	粗纤维/%	粗灰分/%	钙/%	磷/%	消化能/（兆焦/千克）
玉米	89.5	8.83	1.58	1.09	0.02	0.22	14.48
高粱	86.0	9.0	1.4	1.8	0.13	0.36	13.05
小麦	87.0	13.9	1.9	1.9	0.17	0.41	14.23
大麦	87.0	11.0	4.8	2.4	0.09	0.33	13.22
稻谷	86.0	7.8	8.2	4.6	0.03	0.36	12.64
小麦麸	88.0	15.0	9.5	5.0	0.15	1.09	10.3
米糠	87.0	12.8	5.7	7.5	0.07	1.43	13.77

三、粗饲料

粗饲料是指干物质中粗纤维含量在18%以上的饲料。粗饲料特点：体积大，难消化的粗纤维多，可利用成分少。

肉兔是严格的草食动物，粗饲料对维持肉兔正常生理活动具有重要作用，是配合饲料中必不可少的原料。目前制约我国规模兔业健康发展的关键问题是优质粗饲料短缺，因此，养兔业呼吁优质牧草产业化。

肉兔常用的粗饲料及营养成分见表5-8。

表5-8 肉兔常用的粗饲料及营养成分

饲料名称	干物质/%	粗蛋白/%	粗纤维/%	粗灰分/%	钙/%	磷/%	消化能/（兆焦/千克）
苜蓿干草	—	15.67	30.85	9.02	1.09	0.18	—
玉米秸秆	66.7	2.8	18.9	5.3	0.39	0.23	8.16
稻草	84.2	5.55	21.49	11.97	0.28	0.08	5.41
花生壳	90.53	5.76	58.92	5.47	0.27	0.06	—
花生秧	90.0	4.6	31.8	6.7	0.89	0.09	—
大豆秸	87.7	4.6	40.1	—	0.74	0.12	8.28
谷草	—	7.4	30.99	7.9	0.17	0.11	—
葵花籽壳	89.5	3.5	22.1	2.1	—	—	—
醋糟	92.75	7.72	36.11	8.51	0.00	0.02	—

四、青绿多汁饲料

包括天然牧草、人工栽培牧草、青刈作物、蔬菜、树叶类和多汁饲料等。合理利用这类饲料可以降低饲料成本，补充肉兔所需的维生素，对兔群健康意义重大。

1. 天然牧草

可饲喂的有猪殃殃、婆婆纳、一年蓬、荠菜、泽漆、繁缕、马齿苋、车前、早熟禾、狗尾草、马唐、蒲公英、苦菜、鳢肠、野苋菜、胡枝子、青蒿、蕨菜、涩拉秧、霞草、苋菜、萹蓄等。其中有些具有药用价值，如蒲公英有催乳作用，马齿苋有止泻、抗球虫作用，青蒿有抗毒、抗球虫作用。

不适合作肉兔饲料的有海韭菜、欧洲蕨、褐色草、七叶树、牛蒡、蓖麻子、楝树、野芫荽、洋地黄、一枝黄花、毒芹、夏至草、曼陀罗、石茅高粱、飞燕草、月桂树、羽扇豆、牧豆树、马利筋、莴苣、橡树、夹竹桃、罂粟、草木樨和麻迪菊等。

2. 多汁饲料

常用的有胡萝卜、白萝卜、甘薯、马铃薯、木薯、菊芋、南瓜、西葫芦等。特点是：水分含量高，干物质含量低，消化能低。多数富含胡萝卜素。适口性好，具有轻泻和促乳作用，是冬季和初春缺青季节肉兔的必备饲料。其中以胡萝卜最好。

利用多汁饲料注意事项：①控制喂量。该类饲料含水分高，多具寒性，饲喂过多，尤其是仔兔、幼兔，易引起肠道过敏，粪便变软，甚至腹泻。一般以日喂50～300克为宜。哺乳母兔饲喂量可达500克/天。②饲喂时应洗净、晾干后切成萝卜丝喂给，这样可以减少浪费，掌握饲喂量（图5-3、图5-4）。③贮藏不当，极易发芽、发霉、染病、受冻，

图5-3　栽培的胡萝卜

喂前应做必要的处理或丢弃。

3. 人工栽培牧草

（1）紫花苜蓿　紫花苜蓿被誉为"牧草之王"（图5-5）。我国西北、华北、东北地区以及江淮流域等地均可栽培。多年生豆科牧草，利用期6～7年。每亩播种量为1～1.5千克。年可收鲜草3～4次，亩产3000～8000千克。目前比较优良的品种有金皇后、皇冠、牧歌、WL323等。苜蓿可鲜喂，也可晒制干草。鲜喂时要限量或与其他牧草（如菊苣等）混合饲喂，否则易导致臌胀病。晒制干草宜在10%植株开花时收割。

（2）普那菊苣　育成于新西兰，1988年由山西省农业科学院畜牧兽医研究所引进。菊科多年生牧草，适口性好（图5-6）。适合温暖湿润气候地区水浇地栽培，每亩播种量350～750克。年可收割3～4次，亩产鲜草7000～11000千克。利用适期为莲座叶丛期。据试验结果表明：普那菊苣适口性好，采食率为100%，日采食达445.5克，日增重达20.13克，整个试验期试验兔发育正常。此外，普那菊苣可利用期长，太原地区11月上旬各种牧草均已枯萎，但普那菊苣仍为绿色。

图5-4　萝卜切丝机

图5-5　紫花苜蓿

图5-6　普那菊苣

（3）冬牧70黑麦 由美国引进，一年生禾本科黑麦属草本植物（图5-7）。是冬季早春缺青时肉兔青饲料的重要来源。亩播种量5～7千克，宜在9月中下旬播种。亩产鲜草5000～7000千克，籽粒为200～300千克。青刈黑麦以孕穗初期最高，也可当苗长到60厘米时刈割，留茬5厘米，第二次刈割后不再生长。若收干草，则以抽穗始期为宜，每亩可晒制干草400～500千克。

图5-7 黑麦草

（4）红豆草 属多年生牧草，喜温暖干燥气候，抗旱性强，抗旱能力超过紫花苜蓿，但抗寒能力不及紫花苜蓿（图5-8）。在年均温12～13℃、年降水量350～500毫米的地区生长最好。多采用条播，牧草行距25～30厘米，每公顷播种量75～90千克。每年可刈割2～3次，每公顷产干草7500～15000千克。粗蛋白质含量为13.58%～24.75%。

图5-8 红豆草

4. 其他饲料——杂交构树

构树，又名谷浆树，古名楮，是桑科构树属落叶乔木（图5-9）。树皮为造纸原料。树高6～16米，有乳汁。树皮平滑呈暗灰色，枝条粗壮而平展。叶互生，有长柄，叶片阔卵形或不规

图5-9 构树

则3～5深裂，边缘有粗锯齿，表面暗绿，被粗毛，背面灰绿，密生柔毛。单性花，雌雄异株，雄花为葇荑花序，着生于新枝叶腋；雌花为头状花序。聚花果肉质，球形，有长柄，熟时红色。

营养特点：粗蛋白质33.27%、粗纤维8.1%、粗灰分9.6%、粗脂肪3.3%、钙1.53%、磷0.6%。肉兔饲料中添加量15%～20%为宜。

五、矿物质饲料

以提供矿物质元素为目的的饲料为矿物质饲料。肉兔饲料中的各种原料虽然含有一定量的矿物质元素，但远远不能满足肉兔生长、繁殖和兔皮、兔毛生产的需要，必须按一定比例额外添加。

1. 食盐

钠和氯是肉兔必需的无机物，而植物性饲料中钠、氯含量都少。食盐是补充钠、氯的最简单、价廉和有效的添加源。食盐还可以改善口味，提高肉兔的食欲。

食盐中含氯60%、钠39%，碘化食盐中还含有0.007%的碘。一般添加量0.3%～0.5%。可直接加入配合饲料中。要求食盐有较细的粒度，应100%通过30目筛。

> **注意事项**　使用含盐量高的鱼粉、酱渣时，要适当减少食盐添加量，防止食盐中毒。

2. 钙补充料

（1）碳酸钙（石灰石粉）　俗称钙粉，呈白色粉末，主要成分是碳酸钙，含钙量不低于33%，一般为38%左右，是补充钙质营养最廉价的矿物质饲料。

> **注意事项**　有毒元素（重金属、砷等）含量高的不能用作饲料级石粉。一般来说，碳酸钙颗粒越细，吸收率越好。

（2）贝壳粉　是牡蛎等去肉后的外壳经粉碎而成的产品。优质贝壳粉含钙高达36%，杂质少，呈灰白色，杂菌污染少。

注意事项 贝壳粉常掺有沙砾、铁丝、塑料等杂物,使用时要注意。

(3)蛋壳粉　是蛋加工厂的废弃物,包括蛋壳、蛋膜、蛋白等混合物,含钙29%～37%,含磷0.02%～0.15%。

注意事项 自制蛋壳粉时应注意消毒,在烘干时最后产品温度应达82℃,以免蛋白腐败,甚至传染疾病。

(4)乳酸钙　无色无味的粉末,易潮解,含钙13%,吸收率较其他钙源高。

(5)葡萄糖酸钙　白色结晶或粒状粉末,无臭无味,含钙8.5%,消化利用率高。

3. 磷补充料

该类饲料多属于磷酸盐类,见表5-9。

表5-9　几种磷补充料的成分

饲料名称	磷/%	钙/%	钠/%	氟/(毫克/千克)
磷酸氢二钠	21.81	—	32.38	—
磷酸氢钠	25.80	—	19.15	—
磷酸氢钙(商业用)	18.97	24.32	—	816.67

所有含磷饲料必须脱氟后才能使用,因为天然矿石中均含有较高的氟,高达3%～4%。一般规定允许含氟量0.1%～0.2%,含氟过高容易引起肉兔中毒。

4. 钙磷补充料

(1)骨粉　含钙24%～30%、磷10%～15%,钙磷比例平衡,大体为2∶1,利用率高,是肉兔最佳钙磷补充料。

注意事项 骨粉若加工时未灭菌,常携带大量细菌,易发霉结块,产生异臭,使用时必须注意。

（2）磷酸氢钙　又叫磷酸二钙，白色或灰白色粉末，化学式为 $CaHPO_4 \cdot nH_2O$，通常含2个结晶水，含钙不低于23%，含磷不低于18%。磷酸氢钙的钙、磷利用率高，是优质的钙磷补充料，目前肉兔饲粮中被广泛应用。

（3）磷酸一钙　又名磷酸二氢钙，为白色结晶粉末，分子式为 $Ca(H_2PO_4)_2 \cdot nH_2O$，以一水盐居多，含钙不低于15%，含磷不低于22%。

（4）磷酸三钙　为白色无臭粉末，分子式为 $Ca_3(PO_4)_2 \cdot H_2O$ 和 $Ca_3(PO_4)_2$ 两种，后者居多，含钙32%、磷18%。

钙磷补充料种类多，在确定选用或选购具体种类的钙磷补充料时，应考虑下列因素：①纯度；②有害物含量（氟、砷、铅）；③细菌污染与否；④物理形态（如细度等）；⑤钙磷利用率和价格。应以单位可利用量的单价最低为选用选购原则。

5. 其他矿物质元素补充料（表5-10）

表5-10　矿物质元素补充料种类及使用注意事项

名称	种类	常用的种类	使用注意事项
铁补充料	硫酸亚铁、硫酸铁、碳酸亚铁、氯化亚铁、柠檬酸铁、葡萄糖酸铁、富马亚铁、DL-苏氨酸铁、蛋氨酸铁等	硫酸亚铁、有机铁	一水硫酸亚铁不易吸潮起变化，加工性能好，与其他成分的配伍性好。有机铁利用率高，毒性低，但价格昂贵
铜补充料	硫酸铜、氧化铜、碳酸铜、碱式碳酸铜等	五水和一水硫酸铜、氧化铜	一水硫酸铜克服了五水硫酸铜易潮解、结块的缺点，使用方便。氧化铜对饲料中其他营养成分破坏较小，加工方便，使用普遍
锌补充料	硫酸锌、碳酸锌、氧化锌、氯化锌、醋酸锌、乳酸锌等以及锌与蛋氨酸、色氨酸的络合物等	一水硫酸锌、氧化锌、碳酸锌	据报道，若以氧化锌生物学价值为100%，那么碳酸锌为102.66%，硫酸锌为103.65%，以硫酸锌为最高
锰补充料	硫酸锰、碳酸锰、氧化锰、氯化锰、磷酸锰、柠檬酸锰、醋酸锰、葡萄糖酸锰等	一水硫酸锰、硫酸锰、碳酸锰和氧化锰	硫酸锰对皮肤、眼睛及呼吸道黏膜有损伤作用，故加工、使用时应戴防护用具。氧化锰化学性质稳定，相对价格低，含锰77.4%，有取代硫酸锰的趋势

续表

名称	种类	常用的种类	使用注意事项
碘补充料	碘化钾、碘化钠、碘酸钾、乙二胺二氢碘化物等	碘酸钾、碘酸钙	
硒补充料	亚硒酸钠、硒酸钠及有机硒（如蛋氨酸硒）	亚硒酸钠和硒酸钠	两种均为剧毒物质，操作人员必须戴防护用具，严格避免接触皮肤或吸入粉尘，加入饲料中应注意用量和均匀度，以防中毒
钴补充料	碳酸钴、硫酸钴、氯化钴等	碳酸钴、一水硫酸钴、氯化钴	氯化钴一般为粉红色或紫红色结晶粉末，含钴45.3%，是应用最广泛的钴添加物
镁补充料	硫酸镁、氧化镁、碳酸镁、醋酸镁和柠檬酸镁	氧化镁	硫酸镁因具有轻泻作用，用量应受限制。氧化镁为白色或灰黄色细粒状，稍具潮解性，暴露于水汽下易结块
硫补充料	蛋氨酸、硫酸盐（硫酸钾、硫酸钠、硫酸钙等）	蛋氨酸	蛋氨酸中硫的利用率很高

六、添加剂

添加剂是为了满足肉兔特殊需要而加入饲料中的少量或微量营养性或非营养性物质。具体地说，饲料中加入添加剂在于补充饲料营养成分的不足，防止和延缓饲料品质的劣化，提高饲料的适口性和利用率，预防或治疗病原微生物所致兔的疾病，以使肉兔正常发育和加速生长，改善兔产品的产量和质量，或定向生产兔产品等。

肉兔饲料中添加剂的用量极少，但作用极大，不仅可以提高兔产品数量和质量，预防常见多发病的发生率，也可合理利用我国饲料资源。

1. 微量元素添加剂

微量元素添加剂又称生长素，是应用较多较早且十分普遍的添加剂。养兔大型企业可自行配制微量元素添加剂，养兔户可直接购买市售的微量元素添加剂。

（1）兔宝系列添加剂　山西省农业科学院畜牧兽医研究所养兔研究室科研人员针对广大养兔户的幼兔死亡率高、生长缓慢、养兔经济效益差等情况,在经过3年多项试验的基础上,研制成功了兔用添加剂——兔宝Ⅰ号,之后又相继开发出兔宝Ⅱ号、Ⅲ号和Ⅳ号兔宝系列添加剂。

兔宝Ⅰ号能有效预防兔腹泻、兔球虫病,幼兔成活率一般可提高20%～50%。能减少饲料消耗,提高增重速度。

兔宝Ⅱ号适用于青年兔、种兔群;兔宝Ⅲ号适用于产毛兔,可使产毛量提高18%;兔宝Ⅳ号适用于獭兔,能提高日增重和毛皮质量,降低兔群常见病的发生。

(2)兔用矿物质添加剂　目前使用的兔用矿物质添加剂配方:硫酸亚铁5克,硫酸铝、氯化钴各1克,硫酸镁、硫酸铜各15克,硫酸锰、硫酸锌各20克,硼砂、碘化钾各1克,干酵母60克,土霉素20克。将上述物质混匀(碘化钾最后混合),再取10千克骨粉或贝壳粉、蛋壳粉充分混合,装于塑料袋内保存备用。使用时按1%～2%配入精料中饲喂。

2. 氨基酸添加剂

(1)蛋氨酸　主要有DL-蛋氨酸和DL-蛋氨酸羟基类似物(MHA)及其钙盐(MHA-Ca)以及蛋氨酸金属络合物,如蛋氨酸锌、蛋氨酸锰、蛋氨酸铜等。

DL-蛋氨酸为白色至淡黄色结晶或结晶性粉末,易溶于水,有光泽,有特异性臭味,一般饲料的纯品要求含量在98.5%以上。近些年还有部分DL-蛋氨酸钠(DL-MetNa)应用于饲料中。

肉兔饲粮中缺乏鱼粉等动物性蛋白质饲料时,要注意补充蛋氨酸添加剂。一般添加量为0.05%～0.3%。

(2)赖氨酸　主要有L-赖氨酸和DL-赖氨酸。因肉兔只能利用L-赖氨酸,所以DL-赖氨酸产品应标明L-赖氨酸含量保证值。

商品饲用级赖氨酸纯度为98.5%以上的L-赖氨酸盐酸盐,相当于含赖氨酸(有效成分)78.8%以上,为白色-淡黄色颗粒状粉末,稍有异味,易溶于水(图5-10)。

植物性饲料(除豆饼外)中赖氨酸含量低,特别是玉米、大

图5-10　赖氨酸

麦、小麦中甚缺，且麦类中的赖氨酸利用率低。鱼粉中赖氨酸含量高，肉骨粉中的赖氨酸含量低、利用率低。

一般饲料中添加L-赖氨酸的量为0.05%～0.2%。

（3）色氨酸　有DL-色氨酸和L-色氨酸，均为无色至微黄色晶体，有特异性气味。

色氨酸具有促进r-球蛋白的产生，抗应激，增强兔体抗病力等作用。

（4）苏氨酸　有L-苏氨酸，为无色至微黄色结晶性粉末，有极弱的特异性气味。一般饲粮中添加量为0.03%左右。

3. 其他添加剂

肉兔常用的添加剂有抗球虫药、益生素，还有维生素、酶制剂、驱虫保健剂、中草药、调味剂、防霉防腐剂、饲料抗氧化剂、黏合剂和除臭剂等。

（1）抗球虫药　球虫病是影响养兔业最主要的疾病之一。肠道和肝脏球虫病可以引起家兔腹泻和死亡。兔业生产中抗球虫药常常用于预防性治疗，以减少球虫病带来的损失。肉兔笼养，加之使用预防用药，从而在现代兔业生产中使球虫病的发生减少。

肉兔抗球虫病药物很多，我国兽药名录中仅有地克珠利一种抗球虫药。表5-11中介绍欧盟允许使用的用于肉兔的抗球虫病药物。

表5-11　抗球虫病药物

名称	每吨饲料中用量/克	欧盟注册状况	停药期/天	备注
氯苯胍	50～66	所有种类的肉兔	5	控制肝球虫效果差
地克珠利	20～25	生长-育肥兔	5	
盐霉素	1	所有种类的肉兔	1	超过推荐剂量时出现采食量下降的情况

此外，二氯二甲吡啶酚和二氯二甲吡啶酚与奈喹酯的复合制剂对球虫病有效。有些成功地用于家禽的离子载体对肉兔却有毒，如甲基盐酸盐、莫能菌素，要禁止使用。

抗球虫病疫苗在肉鸡中被广泛使用。国家兔产业技术体系立项对肉兔球虫疫苗进行研发，取得可喜的进展，相信在不久的将来会用于肉兔生产中。

（2）益生菌和益生素　益生菌是含有活的或者能重新成活的有益微生物添加剂。这些添加剂能在肠道中定殖，并有利于维持肠道菌群平衡。使用益生菌的目的是建立起抑制病原体的肠道屏障。益生菌的作用机理尚未弄清楚，但可能包括以下几个方面：①减少毒素的产生；②刺激宿主酶的产生；③产生某些维生素或抗菌物质；④上皮细胞黏附的竞争和抗细菌定殖；⑤刺激宿主的免疫系统。目前有许多公司开发出各自的益生菌添加剂。如蜡样芽孢杆菌变种toyoi和酿酒酵母NCYCsc47正式在欧盟为用于肉兔注册。

益生素是指能够选择性地刺激可能有益于肉兔健康的某些肠道细菌，市场上主要的低聚糖商品有果聚糖、寡乳糖、甘露聚糖、寡木糖等的低聚糖。益生素优于益生菌的好处是对于饲料加工的热处理和对于胃酸都不产生问题。益生素能够选择性地刺激盲肠微生物中的有益细菌。肉兔饲粮添加某些低聚多糖就能提高肉兔盲肠中的挥发性脂肪酸浓度，并且降低盲肠中氨的浓度。据报道（任克良，1998），饲粮中添加低聚果糖可以有效降低兔群腹泻发病率。

此外，还有酸化剂、酶制剂、精油等绿色饲料添加剂。

第三节　肉兔绿色配合饲料生产技术

配合饲料就是根据肉兔的营养需要量，选择适宜的不同饲料原料，配制满足肉兔营养需要量的混合饲料。随着我国规模兔业生产的发展，配合饲料的使用越来越普遍。

一、配方设计

1. 配方设计应考虑的因素

（1）使用对象　应考虑配方使用的对象，肉兔生理阶段（仔兔、幼兔、青年兔、公兔、空怀母兔、妊娠母兔、哺乳母兔）等。不同生理阶段的肉兔对营养需求量不同。

（2）营养需要量　设计时可参考国内外肉兔相关饲养标准。

(3) 饲料原料成分与价格　选用时，以来源稳定、质量稳定的原料为佳。原料营养成分受品种、气候、贮藏等因素影响，计算时最好以实测营养成分结果为好，不能实测时可参考国内、国外营养成分表。力求使用质好、价廉、本地区来源广的原料。

(4) 生产过程中饲料成分的变化　生产加工过程对营养成分有一定的影响，设计时应适当提高其添加量。

(5) 注意饲料的品质和适口性　配制饲粮时不仅要满足肉兔营养需要，还应考虑饲粮的品质和适口性。饲粮适口性直接影响肉兔采食量。

(6) 一般原料用量的大致比例　根据肉兔养殖生产实践，常用原料用量的大致比例及注意事项见表5-12。

(7) 饲料中添加剂的使用　按照相关要求，严重使用违禁药品或添加剂，选择使用酸化剂、益生素、酶制剂等绿色添加剂，保障饲料绿色安全。

表5-12　肉兔饲粮中常用原料用量的大致比例及注意事项

种类	饲料种类	比例	注意事项
粗饲料	干草、秸秆、树叶、糟粕、蔓类等	20%~50%	几种粗饲料搭配使用
能量饲料	玉米、大麦、小麦、麸皮等谷实类及糠麸类	25%~35%	玉米比例不宜过高
植物性蛋白质饲料	豆饼、葵花饼、花生饼等	5%~20%	注意花生饼是否感染霉菌
动物性蛋白质饲料	鱼粉	0~5%	禁止使用劣质鱼粉
钙、磷类饲料	骨粉、磷酸氢钙、石粉、贝壳粉	1%~3%	骨粉要注意质量
添加剂	矿物质、维生素、药物添加剂等	0.5%~1.5%	严禁使用国家明令禁止的违禁药物
限制性原料	棉籽饼、菜籽饼等有毒饼粕	<5%	种兔饲料中不用有毒饼粕

2. 饲养标准

通过长期试验研究，给不同品种、不同生理状态下、不同生产目的和生产水平的肉兔科学地规定出每只应当喂给的能量及各种营养物质的数量和比例，这种按肉兔的不同情况规定的营养指标，就称为饲养标准。表5-13、表5-14为国内外机构、学者推荐的各类饲养标准。

使用肉兔饲养标准中应注意的问题：因地制宜，灵活应用；应用饲养标准时，必须与实际饲养效果相结合。根据使用效果进行适当调整，以求饲养标准更准确。饲养标准本身不是一个永恒不变的指标，它是随着科学研究的深入和生产水平的提高，不断地进行修订、充实和完善的。

（1）第九届世界肉兔科学大会上Lebas F.先生推荐的肉兔营养需要量（表5-13）

表5-13 肉兔饲养的营养推荐值

生产阶段或类型没有特别说明时，单位是克/千克即食饲料（90%干物质）		生长兔		繁殖兔[①]		单一饲料[②]
		18～42天	42～75天	集约化	半集约化	
1组：对最高生产性能的推荐量						
消化能	千卡/千克	2400	2600	2700	2600	2400
	兆焦/千克	9.5	10.5	11.0	10.5	9.5
粗蛋白		150～160	160～170	180～190	170～175	160
可消化蛋白		110～120	120～130	130～140	120～130	110～125
可消化蛋白/可消化能比例	克/1000千卡	45	48	53～54	51～53	48
	克/兆焦	10.7	11.5	12.7～13.0	12.0～12.7	11.5～12.0
脂肪		20～25	25～40	40～50	30～40	20～30
氨基酸	赖氨酸	7.5	8.0	8.5	8.2	8.0
	含硫氨基酸（蛋氨酸+胱氨酸）	5.5	6.0	6.2	6.0	6.0
	苏氨酸	5.6	5.8	7.0	7.0	6.0
	色氨酸	1.2	1.4	1.5	1.5	1.4
	精氨酸	8.0	9.0	8.0	8.0	8.0

续表

生产阶段或类型 没有特别说明时，单位是克/千克即食饲料（90%干物质）		生长兔		繁殖兔[①]		单一饲料[②]
		18~42天	42~75天	集约化	半集约化	
1组：对最高生产性能的推荐量						
矿物质	钙	7.0	8.0	12.0	12.0	11.0
	磷	4.0	4.5	6.0	6.0	5.0
	钠	2.2	2.2	2.5	2.5	2.2
	钾	<15	<20	<18	<18	<18
	氯	2.8	2.8	3.5	3.5	3.0
	镁	3.0	3.0	4.0	3.0	3.0
	硫	2.5	2.5	2.5	2.5	2.5
	铁/(毫克/千克)	50	50	100	100	80
	铜/(毫克/千克)	6	6	10	10	10
	锌/(毫克/千克)	25	25	50	50	40
	锰/(毫克/千克)	8	8	12	12	10
脂溶性维生素	维生素A/(国际单位/千克)	6000	6000	10000	10000	10000
	维生素D/(国际单位/千克)	1000	1000	1000（<1500）	1000（<1500）	1000（<1500）
	维生素E/(毫克/千克)	≥30	≥30	≥50	≥50	≥50
	维生素K/(毫克/千克)	1	1	2	2	2

续表

生产阶段或类型没有特别说明时，单位是克/千克即食饲料（90%干物质）		生长兔		繁殖兔①		单一饲料②
		18~42天	42~75天	集约化	半集约化	
2组：保持肉兔最佳健康水平的推荐量						
木质纤维素（ADF）		≥190	≥170	≥135	≥150	≥160
木质素（ADL）		≥55	≥50	≥30	≥30	≥50
纤维素（ADF-ADL）		≥130	≥110	≥90	≥90	≥110
木质素/纤维素比例		≥0.40	≥0.40	≥0.35	≥0.40	≥0.40
NDF（中性洗涤纤维）		≥320	≥310	≥300	≥315	≥310
半纤维素（NDF-ADF）		≥120	≥100	≥85	≥90	≥100
（半纤维素+果胶）/ADF比例		≤1.3	≤1.3	≤1.3	≤1.3	≤1.3
淀粉		≤140	≤200	≤200	≤200	≤160
水溶性维生素	维生素C/(毫克/千克)	250	250	200	200	200
	维生素B_1/(毫克/千克)	2	2	2	2	2
	维生素B_2/(毫克/千克)	6	6	6	6	6
	尼克酸/(毫克/千克)	50	50	40	40	40
	泛酸/(毫克/千克)	20	20	20	20	20
	维生素B_6/(毫克/千克)	2	2	2	2	2
	叶酸/(毫克/千克)	5	5	5	5	5
	维生素B_{12}/(毫克/千克)	0.01	0.01	0.01	0.01	0.01
	胆碱/(毫克/千克)	200	200	100	100	100

①对于母兔，半集约化生产表示平均每年生产断奶仔兔40~50只，集约化生产则代表更高的生产水平（每年每只母兔生产断奶仔兔大于50只）。②单一饲料推荐量表示可应用于所有兔场中兔子的日粮。它的配制考虑了不同种类兔子的需要量。

（2）山东农业大学李福昌等推荐的肉兔饲养标准（表5-14）

表5-14 山东农业大学李福昌等推荐的肉兔饲养标准

指标	生长肉兔		妊娠母兔	泌乳母兔	空怀母兔	种公兔
	断奶~2月龄	2月龄~出栏				
消化能/(兆焦/千克)	10.5	10.5	10.5	10.8	10.5	10.5
粗蛋白质/%	16.0	16.0	16.5	17.5	16.0	16.0
总赖氨酸/%	0.85	0.75	0.8	0.85	0.7	0.7
总含硫氨基酸/%	0.60	0.55	0.60	0.65	0.55	0.55
精氨酸/%	0.80	0.80	0.80	0.90	0.80	0.80
粗纤维/%	14.0	14.0	13.5	13.5	14.0	14.0
中性洗涤纤维（NDF）/%	30.0~33.0	27.0~30.0	27.0~30.0	27.0~30.0	30.0~33.0	30.0~33.0
酸性洗涤纤维（ADF）/%	19.0~22.0	16.0~19.0	16.0~19.0	16.0~19.0	19.0~22.0	19.0~22.0
酸性洗涤木质素（ADL）/%	5.5	5.5	5.0	5.0	5.5	5.5
淀粉/%	≤14	≤20	≤20	≤20	≤16	≤16
粗脂肪/%	2.0	3.0	2.5	2.5	2.5	2.5
钙/%	0.60	0.60	1.0	1.1	0.60	0.60
磷/%	0.40	0.40	0.60	0.60	0.40	0.40
钠/%	0.22	0.22	0.22	0.22	0.22	0.22
氯/%	0.25	0.25	0.25	0.25	0.25	0.25
钾/%	0.80	0.80	0.80	0.80	0.80	0.80
镁/%	0.03	0.03	0.04	0.04	0.04	0.04
铜/(毫克/千克)	10.0	10.0	20.0	20.0	20.0	20.0
锌/(毫克/千克)	50.0	50.0	60.0	60.0	60.0	60.0

续表

指标	生长肉兔 断奶~2月龄	生长肉兔 2月龄~出栏	妊娠母兔	泌乳母兔	空怀母兔	种公兔
铁/(毫克/千克)	50.0	50.0	100.0	100.0	70.0	70.0
锰/(毫克/千克)	8.0	8.0	10.0	10.0	10.0	10.0
硒/(毫克/千克)	0.05	0.05	0.1	0.1	0.05	0.05
碘/(毫克/千克)	1.0	1.0	1.1	1.1	1.0	1.0
钴/(毫克/千克)	0.25	0.25	0.25	0.25	0.25	0.25
维生素A/(国际单位/千克)	6000	12000	12000	12000	12000	12000
维生素E/(毫克/千克)	50.0	50.0	100.0	100.0	100.0	100.0
维生素D/(国际单位/千克)	900	900	1000	1000	1000	1000
维生素K_3/(毫克/千克)	1.0	1.0	2.0	2.0	2.0	2.0
维生素B_1/(毫克/千克)	1.0	1.0	1.2	1.2	1.0	1.0
维生素B_2/(毫克/千克)	3.0	3.0	5.0	5.0	3.0	3.0
维生素B_6/(毫克/千克)	1.0	1.0	1.5	1.5	1.0	1.0
维生素B_{12}/(微克/千克)	10.0	10.0	12.0	12.0	10.0	10.0
叶酸/(毫克/千克)	0.2	0.2	1.5	1.5	0.5	0.5
尼克酸/(毫克/千克)	30.0	30.0	50.0	50.0	30.0	30.0
泛酸/(毫克/千克)	8.0	8.0	12.0	12.0	8.0	8.0

续表

指标	生长肉兔		妊娠母兔	泌乳母兔	空怀母兔	种公兔
	断奶~2月龄	2月龄~出栏				
生物素/(微克/千克)	80.0	80.0	80.0	80.0	80.0	80.0
胆碱/(毫克/千克)	100.0	100.0	200.0	200.0	100.0	100.0

3. 饲料配方设计的方法

饲料配方设计方法有计算机法和手工计算法。

（1）计算机法 计算机法是根据线性规划原理，在规定多种条件的基础上，可筛选出最低成本的饲粮配方，它可以同时考虑几十种营养指标，运算速度快、精度高，是目前最先进的方法。市场上有许多畜禽优化饲粮配方的计算机软件可供选择，可直接用于生产。

（2）手工计算法 手工计算法又分为交叉法、联立方程法和试差法，其中试差法是目前普遍采用的方法。

4. 设计肉兔饲料配方的十点体会

第一，初拟配方时，先将食盐、矿物质、预混料等原料的用量确定。

第二，对所用原料的营养特点要有一定了解，确定有毒素、营养抑制因子等原料的用量。质量差的动物性蛋白质饲料最好不用，因为其造成危害的可能性很大。

第三，调整配方时，先以能量、粗蛋白质、粗纤维（ADF、ADL）为目标进行，然后考虑矿物质、氨基酸等。

第四，尽量使用两种或两种以上粗饲料。

第五，矿物质不足时，先以含磷高的原料满足磷的需要，再计算钙的含量，不足的钙以低磷高钙的原料（如贝壳粉、石粉）补足。

第六，氨基酸不足时，以合成氨基酸补充，但要考虑氨基酸产品的含量和效价。

第七，计算配方时，不必拘泥于饲养标准。饲养标准只是一个参考值，原料的营养成分也不一定是实测值，用试差法手工计算完全达到饲养标准是不现实的,应力争使用计算机优化系统。

第八,配方营养浓度应稍高于饲养标准,一般确定一个最高的超出范围,如1%或2%。

第九,添加的抗球虫等药物,要轮换使用,以防产生抗药性。禁止使用马杜拉霉素等易使兔中毒的添加剂。

第十,使用绿色饲料添加剂。严禁使用违禁药品或添加剂。

二、配合饲料生产流程

配合饲料生产流程见图5-11、图5-12。

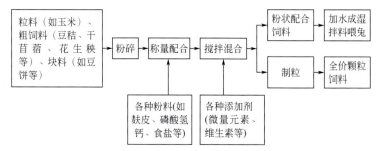

图5-11　兔全价颗粒饲料基本生产流程

图5-12　饲料加工设备

第四节

肉兔典型饲料配方

一、山西省农业科学院畜牧兽医研究所实验兔场饲料配方

该饲料配方见表5-15。

表5-15　山西省农业科学院畜牧兽医研究所实验兔场饲料配方

项目	仔兔诱食料	生长兔		空怀母兔	公兔	哺乳母兔
		肉兔	獭兔、毛兔			
草粉/%	19.0	34.0	34	40.0	40.0	37.0
玉米/%	29.0	24.0	24.0	21.5	21.0	23.0
小麦麸/%	30.0	24.5	23.3	22.0	22.0	22.0
豆饼/%	14.0	12.0	12.0	10.5	10.5	12.3
葵花籽饼/%	5.0	4.0	4.0	4.5	4.5	4.0
鱼粉/%	1.0	—	1	—	1.5	—
蛋氨酸/%	0.1	—	0.1	—	—	—
赖氨酸/%	0.1	—	0.1	—	—	—
磷酸氢钙/%	0.7	0.6	0.6	0.6	0.6	0.7
贝壳粉/%	0.7	0.6	0.6	0.6	0.6	0.7
食盐/%	0.4	0.3	0.3	0.3	0.3	0.3
兔宝系列添加剂/%	0.5（兔宝Ⅰ号）	0.5（兔宝Ⅰ号）	0.5（兔宝Ⅱ号或Ⅳ号）	0.5（兔宝Ⅱ号）	0.5（兔宝Ⅱ号）	0.5（兔宝Ⅱ号）
多维素	适量	适量	适量	适量	适量	适量
营养水平	生长兔饲料配方：粗蛋白质17%，粗脂肪1.6%，粗纤维13%，灰分7.9%，属中等营养水平					
饲喂效果	肉用生长兔：断奶至体重达2200克期间，日增重30克，料肉比3∶1；獭兔生长兔：90～100日龄体重达2100克；繁殖母兔发情正常，受胎率高					

注：冬季日喂胡萝卜50～100克。

二、中国农业科学院兰州畜牧与兽药研究所推荐的肉兔饲料配方

该饲料配方见表5-16。

表5-16　中国农业科学院兰州畜牧与兽药研究所推荐的肉兔饲料配方

项目		生长兔			妊娠母兔	哺乳母兔及仔兔		种公兔	
		配方1	配方2	配方3		配方1	配方2	配方1	配方2
饲料原料	苜蓿草粉/%	36	35.3	35	35	30.5	29.5	49	40
	麸皮/%	11.2	6.7	7	7	3	4	15	15
	玉米/%	22	21	21.5	21.5	30	29	17	12
	大麦/%	14	—	—	—	—	—	—	—
	燕麦/%	—	20	22.1	22.1	—	14.7	—	14
	豆饼/%	11.5	12	9.8	9.8	17.5	14.8	15	15
	鱼粉/%	0.3	1	0.6	0.6	4	4	3	3
	食盐/%	0.2	0.2	0.2	0.2	0.2	0.2	0.2	0.2
	石粉/%	2.8	1.8	1.8	1.8	2	1.8	0.8	0.8
	骨粉/%	2	2	2	2	2.8	2	—	—
日粮营养价值	消化能/(兆焦/千克)	10.46	10.46	10.46	10.46	11.3		9.79	10.29
	粗蛋白质/%	15	16	15	15	18		18	18
	粗纤维（计算值）/%	15	16	16	16	12.8	12	19	—
添加	蛋氨酸/%	0.14	0.11	0.14	0.12	—	—	—	—
	多维素/%	0.01	0.01	0.01	0.01	0.01	0.01	0.01	0.01
	硫酸铜/(毫克/千克)	50	50	50	50	50	50	50	50
	氯苯胍	160片/50千克（妊娠兔日粮中不加，公兔定期加入）							

三、四川省畜牧科学研究院兔场饲料配方

该饲料配方见表5-17。

表5-17　四川省畜牧科学研究院兔场饲料配方

原料	比例/%	营养成分	含量
草粉	19	消化能/(兆焦/千克)	11.72
光叶紫花苕	12	粗蛋白质/%	18.2
玉米	27	粗脂肪/%	3.93
大麦	15	粗纤维/%	12.2
蚕蛹	4	钙/%	0.7
豆饼	9	磷/%	0.48
花生饼	10	赖氨酸/%	0.78
菜籽饼	2	蛋氨酸+胱氨酸/%	0.68
骨粉	0.5		
食盐	0.5		

注：1.此方适用于生长育肥兔及妊娠母兔，其他生理阶段的肉兔在此基础上适当调整；
2.生长兔添加剂为自制；
3.赖氨酸和含硫氨基酸未包括添加剂里的含量；
4.经对比试验，本配方对预防腹泻有良好作用。

四、法国种兔及育肥兔典型饲料配方

该饲料配方见表5-18。

表5-18　法国种兔及育肥兔典型饲料配方

	项目	种用兔（1）	种用兔（2）	育肥兔（1）	育肥兔（2）
饲料原料	苜蓿粉/%	13	7	15	0
	稻草/%	12	14	5	0
	糠/%	12	10	12	0
	脱水苜蓿/%	0	0	0	15
	干甜菜渣/%	0	0	0	15
	玉米/%	0	0	0	12

续表

项目		种用兔（1）	种用兔（2）	育肥兔（1）	育肥兔（2）
饲料原料	小麦/%	0	0	10	10
	大麦/%	30	35	30	25
	豆饼/%	12	12	0	8
	葵花籽饼/%	12	13	14	10
	废糠渣/%	6	6	4	6
	椰树芽饼/%	0	0	6	0
	黏合剂/%	0	0	1	0
	矿物质与多维/%	3	3	3	4
营养水平	粗蛋白质/%	17.3	16.4	16.5	15
	粗纤维/%	12.8	13.8	14	14

五、西班牙繁殖母兔饲料配方1

该饲料配方见表5-19。

表5-19 西班牙繁殖母兔饲料配方1

饲料名称	比例/%	饲料名称	比例/%
苜蓿粉	48	硫酸镁	0.01
大麦	35	氯苯胍	0.08
豆饼	12	维生素E	0.005
动物脂肪	2	二丁基羟甲苯	0.005
蛋氨酸	0.1	矿物质和维生素预混料	0.2
磷酸氢钙	2.3	食盐	0.3

注：消化能12兆焦/千克，粗蛋白质12.2%，粗纤维14.7%，粗灰分10.2%。

六、西班牙繁殖母兔饲料配方2

该饲料配方见表5-20。

表5-20　西班牙繁殖母兔饲料配方2

饲料名称	比例/%	饲料名称	比例/%
苜蓿粉	92	食盐	0.1
动物脂肪	5	硫酸镁	0.01
蛋氨酸	0.17	氯苯胍	0.08
赖氨酸	0.17	维生素E	0.01
精氨酸	0.12	BHT	0.01
磷酸钠	2.2	矿物质和维生素预混料	0.2

注：消化能9.6兆焦/千克，可消化粗蛋白质10.5%，粗纤维22.6%，粗灰分13.6%。

七、西班牙早期断奶兔饲料配方

该饲料配方见表5-21。

表5-21　西班牙早期断奶兔饲料配方

饲料名称	比例/%	饲料名称	比例/%
苜蓿粉	23.9	动物血浆	4.0
豆荚	7.7	猪油	2.5
甜菜渣	5.5	磷酸氢钙	0.42
葵花籽壳	5.0	碳酸钙	0.1
小麦	16.4	食盐	0.5
大麦	0.47	蛋氨酸	0.104
谷朊	10.0	苏氨酸	0.029
小麦麸	20.0	氯苯胍	0.10
海泡石	2.8	矿物质和维生素预混料	0.50

注：消化能11.4兆焦/千克，粗蛋白质16.9%，酸性洗涤纤维20.9%，中性洗涤纤维37.5%，酸性洗涤木质素4.7%。

第五节

兔用配合饲料的选购

许多养兔企业（户）采用购买饲料的方法养兔，虽然饲料成本可能有点高，但省去了投资饲料加工设备资金，省去了日常繁杂的工作，如购买饲料原料、饲料加工等，自己能够一心一意做好兔群生产，提高兔群生产水平。如果选购的饲料安全、性价比高，一般都能获得较高的经济效益；反之经济效益较低甚至亏本。选择兔用全价饲料应注意以下事项。

一、饲料厂家的选择

选择饲料首先要选择可靠的饲料生产厂家。大型饲料生产企业技术力量雄厚，设备先进，售后服务周到，其产品一般比较可靠。厂家确定后一般要签订购销合同，约定饲料种类、价格、运费、到货地点、结款方式等相关事宜。2020年新冠疫情期间，在物流不畅通的情况下，有的企业为客户着想，千方百计为养殖户供应饲料，而有的企业百般推诿，致使养殖户的肉兔濒临断供的境地，为此，选择信誉好、责任心强的饲料企业尤为重要。

二、选择性价比高的饲料

饲料企业一般根据用户需求生产供应多种规格的饲料产品，其价格有高有低。养殖户应根据自己的养殖水平，选择性价比高的饲料。注意不要一味地选择价格低的饲料。同时饲料原料价格有涨有跌，要理智地看待成品饲料价格的涨跌。

三、感官上鉴别饲料的优劣

好的饲料从外观上看色泽鲜艳一致，无发霉、酸败和结块等现象，颗粒饲料碎粒和粉末少。通过嗅觉感觉无焦糊味等。

四、查看饲料外包装

包装结实完整，无泄漏，图案清晰美观，有厂名、厂址、电话；饲料标签完整，标签内容完整，包括工商注册商标、执行标准、质量检验合格证、出厂日期、有效期、适用于何种阶段的肉兔等。

五、经常与饲料厂家进行沟通

作为饲料用户，要经常地与饲料厂家或销售经理进行沟通，反映自己使用饲料时有什么问题或建议。同时要求饲料企业让客户知晓每批饲料原料是否更换？更换了什么原料，对于更换饲料原料的，使用时要逐步更换饲料，更换期一般需7～10天。

六、妥善处理纠纷

当兔群发生大面积死亡情况时，要沉着冷静，分清是什么原因所致，如是饲料问题还是自己饲养方式、环境问题等。必要时到相关部门进行解决。

一般不在网上选购饲料、不听厂家销售人员的虚假宣传，不随意购买。不选择新厂家生产的新品牌饲料，因为新厂家缺乏生产和研发经验，饲料质量没保障。选择新厂家的饲料时，在大范围使用前，必须先进行小试，待确定安全、效果确切时才可大范围使用。

第六章

兔群饲养管理技术

养兔要想取得较好的经济效益,必须根据肉兔的生物学特点、生活习性以及不同生理阶段的特性,采取不同的饲养和管理方式。

第一节

种公兔的培育、饲养管理

俗话说:"公兔好好一群,母兔好好一窝",说明公兔质量的好坏决定整个兔群后代的质量。种公兔的要求:品种特征明显,健康,体质结实(图6-1),两个睾丸大而匀称(图6-2),精液品质优良,配种受胎率高。

图6-1 种公兔

图6-2 种公兔睾丸大而一致

一、种公兔的培育

种公兔应该从优秀的父母后代中选留。父本要求体形大,生长速度快,被毛性状优秀(毛兔、皮兔),产肉性能优良(肉用兔);母本要求产仔性能优良,母性好。种公兔睾丸的大小与肉兔的生精能力呈正相关,因此,选留睾丸大而且匀称的公兔可以提高精液的品质和射精量,从而提高受精量。公兔的性欲也可以通过选择而提高。预留公兔的选育强度一般要求在10%以内。

公兔的饲料营养要求全面,营养水平适中,切忌用低营养水平的日粮饲养,否则易造成"草腹兔",影响日后配种。待选的3月龄以上的公兔要与母兔分开饲养,以防早配、滥配。

规模兔场严禁使用未经严格选育的公兔参与配种。

二、种公兔饲养技术

非配种期公兔需要恢复体力,保持适当的膘情,不宜过肥或过瘦,需要中等营养水平的饲料。

配种期公兔饲料的能量保持中等能量水平,保持在10.46兆焦/千克,不能过高或过低。能量过高,易造成公兔过肥,性欲减退,配种能力差;能量过低,易造成公兔过瘦,精液产量少,配种能力差,效率低。

蛋白质数量、质量影响公兔性欲、射精量、精液品质等,因此公兔饲料粗蛋白质水平必须保持在17.0%。为了提高饲料蛋白质品质,要适当添加动物性蛋白质饲料。

由于精子的形成需要较长时间,所以营养物质的添补要及早进行,一般在配种前20天开始。

维生素、矿物质对公兔的精液品质影响巨大,尤其是维生素A、维生素E、钙、磷等。饲料中的维生素A易受高温、光照的破坏,因此要适当多添加一些。

与限制饲养(给予自由采食量的75%)相比,自由采食对公兔的性欲和精液的品质没有产生不利影响,因此不建议对公兔实施过分的限制饲养,但要防止公兔过度肥胖。

三、种公兔管理技术

1. 单笼饲养

成年公兔应单笼饲养,笼子要比母兔笼稍大,以利于运动。规模兔场建议建设种公兔专用兔舍,内设取暖、降温和通风等设备。全场种公兔集中饲养,公兔舍要保持通风良好、采光好,温度、湿度适宜。种兔笼以单层笼为宜,笼底以竹板或塑料为宜(图6-3)。

图6-3 种公兔专用舍,单层笼饲养

2. 使用年限、配种(采精)频度

一般从开始配种算起,利用年限为2年,特别优秀者最多3~4年。青年公兔每日配种1次,连续2天休息1天;初次配种公兔宜实行隔日配种法,也就是交配一次,休息1天;成年公兔1天可交配2次,连续2天休息1天。长期不参加配种的公兔开始配种时,头一两次交配多为无效配种,应采取双重交配。

对于采精进行人工授精时,每周采精不多于2次。

> **注意事项** 生产中存在饲养人员对配种能力强的公兔过度使用的现象,久而久之会导致优秀公兔性功能衰退,有的造成不可逆衰退,应引起注意。

3. 消除"夏季不育"的方法

夏季不育是指在炎热的季节,当气温连续多天超过30℃以上时,公兔睾丸萎缩,曲细精管萎缩变性,会暂时失去产生精子的能力,出现配种不易受胎的现象。

方法:①通过精液品质检查、配种受胎率测定,选留抗热应激能力强的公兔;②给公兔营造一个免受高温侵袭的环境,如饲养在安装有空调的专用公兔舍;③也可使用一些抗热应激制剂,如每100千克种兔饲粮中添加10克维生素C粉,可增强繁殖用公、母兔的抗热能力,提高受胎率和增加产仔数。

4. 缩短"秋季不孕"的方法

秋季不孕是指兔群在秋季配种受胎率不高的现象。原因是高温季节对公兔睾丸的破坏,恢复一般要持续1.5～2个月,且恢复时间的长短与高温的强度、时间呈正相关。

采取的对策:①增加公兔的饲料营养水平,粗蛋白质增加到18%,维生素E达60毫克/千克、硒达0.35毫克/千克和维生素A达12000国际单位/千克,可以明显缩短恢复期;②也可使用肉兔专用抗热应激制剂。解决的根本措施是将公兔饲养在环境可控的专用公兔舍。

5. 健康检查

经常检查公兔生殖器官,如发现密螺旋体病、螨病、毛癣菌病、外生殖炎等疾病,应立即停止配种,隔离治疗或淘汰。患脚皮炎的公兔采食量下降,精液品质下降,也要特别关注。

第二节 空怀母兔的饲养管理

空怀期是指母兔从仔兔断奶到再次配种怀孕的这一段时期,又称休养期。由于哺乳期消耗了大量养分,体质瘦弱,这个时期的主要饲养任务是恢复膘情,调整体况。管理的主要任务是防止过肥或过瘦。

一、空怀母兔饲养技术

空怀母兔的膘情达到7～8成膘情为宜。过瘦的母兔,采取自由采食的饲喂方法,在青草多的季节,加喂青绿饲料;冬季加喂多汁饲料,尽快恢复膘情。

1. 集中补饲法

在以下几个时期进行适当补饲:交配前1周(确保其最大数量的准备受精的卵子)、交配后1周(减少早期胚胎死亡的危险)、妊娠末期(胎儿增重的90%发生在这个时期)和分娩后3周(确保母兔泌乳量,保证仔兔最佳的生长发育），每天补喂50～100克精料。

2. 长期不发情母兔的处理

对于非器质性疾病而不发情的母兔，可采取异性诱情、人工催情和使用催情散。催情散的组成：淫羊藿19.5%、阳起石19%、当归12.5%、香附15%、益母草19%、菟丝子15%，每天每只10克拌料中，连喂7天。

二、空怀母兔管理技术

空怀母兔一般为单笼饲养，也可群养。但是必须观察其发情情况，掌握好发情症状，适时配种。

空怀期的长短与品种、母兔个体体况的恢复快慢有关，过于消瘦的个体可以适当延长空怀期。对于恢复期较长的个体作淘汰处理。

对于不易受胎的母兔，可以通过摸胎的方式检查子宫是否有脓肿、肿瘤等生殖器官疾病，患病的要及时作淘汰处理。

第三节 怀孕母兔的饲养管理

母兔自交配受胎到分娩产仔这段时间称为怀孕期。

一、怀孕母兔饲养技术

怀孕母兔的营养需要在很大程度上取决于母兔所处妊娠阶段。

1. 怀孕前期的饲养

母兔怀孕前期（最初的3周），母体器官及胎儿组织增长很慢，胎儿增重仅占整个胚胎期的10%左右，所需营养物质不多，一般这个时期采取限食方式。如果体况过肥或采食过量，会导致母兔在产仔期死亡率提高，而且抑制泌乳早期的自由采食量。但要注意饲料质量，营养要均衡。

妊娠前期按常规饲喂量进行，一般全价颗粒料饲喂量为200克/天左右。

2. 怀孕后期的饲养

怀孕后期（21～31天），胎儿和胎盘生长迅速，胎儿增加的重量相当于初生重的90%，母兔需要的营养也多，饲养水平应为空怀母兔的1～1.5倍。此时腹腔因胎儿的占位使得母兔采食量下降，因此应适当提高营养水平，可以弥补因采食量下降导致营养摄取量的不足。

在妊娠的最后1周，母兔动用体内储备的能量来满足胎儿生长的绝大部分能量需要。据估计，妊娠晚期的平均需要量相当于维持需要。

妊娠后期可以采取自由采食方式。

3. 分娩临近的饲养

在妊娠最后1周，增喂易消化、营养价值高的饲料，避免母兔绝食，防止妊娠毒血症的发生（图6-4）。但要注意：妊娠期的饲料能量不宜过高，否则对繁殖不利，不仅减少产仔数，还可导致乳腺内脂肪沉积，产后泌乳减少。

图6-4 妊娠毒血症：软瘫，不能行走

二、怀孕母兔管理技术

1. 保胎防流产

流产一般发生在妊娠后15～25天，尤其以25天左右多发。如惊吓、挤压、不正确的摸胎、食入霉变饲料或冰冻饲料、疾病等都可引起流产，应针对不同原因，采取相应的预防措施。

2. 做好接产准备

一般在产仔前3天把消毒好的产仔箱放入母兔笼内，内置产箱的打开插板，让母兔自由进入产箱，产箱内垫上刨花或柔软垫草。实践证明，刨花柔软、吸湿性好，是最为理想的垫料。要求刨花无锯末、尖锐的木条或其他异物。母兔在产前1～2天要拉毛做窝。笔者观察：产仔窝修得愈早，母兔哺乳性能愈好。对于不拉毛的，在产前或产后进行人工辅助拔毛，以刺激乳房泌乳（图6-5～图6-8）。

图6-5　对产箱进行消毒

图6-6　产箱内使用的刨花

图6-7　临产母兔拉毛做窝

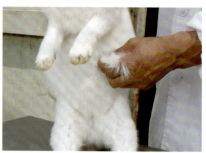
图6-8　人工辅助拔毛

3. 分娩

母兔分娩多在黎明。一般产仔很顺利，每2~3分钟产1只，15~30分钟产完。个别母兔产几只后休息一会儿。有的甚至会延长至第二天再产，这种情况多数是由于产仔时受惊所致，因此产仔过程要保持安静。严寒季节要有人值班，对产到箱外的仔兔要及时保温，放到箱内。母兔产后及时清点产仔数，必要时称量初生窝重，剔除死胎、畸形胎、弱胎和沾有血迹的垫料。

母兔分娩后，由于失水、失血过多，精神疲惫，口渴饥饿，应准备好盐水或糖盐水，同时保持环境安静。

4. 产后管理

产后1~2天内，母兔由于食入胎儿胎盘、胎衣，消化功能较差，因此，应饲喂易消化的饲料。

母兔分娩1周内，应服用一些药物，可预防乳腺炎和仔兔黄尿病，促进仔兔生长发育。

5. 诱导分娩技术

生产实践中，50%以上的母兔在夜间分娩。在冬季，尤其对那些初产和母性差的母兔，若产后得不到及时护理，仔兔易产在窝外，被冻死或饿死。采取诱导分娩技术，可让母兔定时分娩，提高仔兔成活率。

具体方法：将妊娠30天以上（包括30天）的母兔，放置在桌子上或平坦处，用拇指和食指一小撮一小撮地拔下乳头周围的被毛。然后将其放到事先准备好的产箱里，让出生3～8日龄的其他窝仔兔（5～6只）吮奶3～5分钟，再将其放入产箱里，一般3分钟后分娩开始（图6-9～图6-11）。

图6-9　人工拔毛

图6-10　让仔兔吸吮乳头3～5分钟

图6-11　产仔

哺乳母兔的饲养管理

从分娩到仔兔离乳这段时间的母兔称为哺乳母兔，这是肉兔采食量最大的生理阶段。

一、哺乳母兔的生理特点

哺乳母兔是兔一生中代谢能力最强、营养需要量最多的一个生理阶段。从图6-12母兔泌乳曲线可知，母兔产仔后即开始泌乳，前3天泌乳量较少，为90～125毫升/天，随着泌乳期的延长，泌乳量增加，第18～21天泌乳量达到高峰，为280～290毫升/天，21天后缓慢下降，30天后迅速下降。母兔的泌乳量和胎次有关，一般第1胎较少，2胎以后渐增，3～5胎较多，10胎前相对稳定，12胎后明显下降。

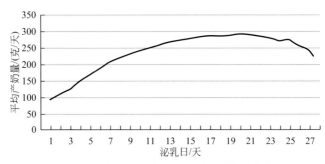

图6-12 杂种母兔在不同泌乳阶段的产奶量

从表6-1可知，兔乳干物质含量26.4%，脂肪12.2%，蛋白质10.4%，乳糖1.8%，灰分2.0%，能量7.531兆焦/千克。与其他动物相比，兔乳除乳糖含量不太高外，干物质、脂肪、蛋白质和灰分含量位居其他所有动物乳之首。生产中试图用其他动物乳汁替代兔乳喂养仔兔，往往不能取得预期的效果。营养丰富的兔乳为仔兔快速生长提供丰富的营养物质，所以母兔必须要从饲料中获得充足的营养物质。

表6-1 各种动物乳的成分及其含量

种类	水分/%	脂肪/%	蛋白质/%	乳糖/%	灰分/%	能量/（兆焦/千克）
牛乳	87.8	3.5	3.1	4.9	0.7	2.929
山羊乳	88.0	3.5	3.1	4.6	0.8	2.887
水牛乳	76.8	12.6	6.0	3.7	0.9	6.945
绵羊乳	78.2	10.4	6.8	3.7	0.9	6.276
马乳	89.4	1.6	2.4	6.1	0.5	2.218
驴乳	90.3	1.3	1.8	6.2	0.4	1.966
猪乳	80.4	7.9	5.9	4.9	0.9	5.314
兔乳	73.6	12.2	10.4	1.8	2.0	7.531

二、哺乳母兔饲养技术

母兔产仔后前3天,泌乳量较少,同时体质较弱,消化功能尚未恢复,因此饲喂量不宜太多,同时所提供的饲料要求易消化、营养丰富。

从第3天开始,要逐步增加饲喂量,到18天之后饲喂要近似自由采食。据笔者观察,肉兔饱食颗粒饲料之后,具有再摄入多量青绿多汁饲料的能力,因此饲喂颗粒饲料后,还可饲喂青绿饲料(夏季)或多汁饲料(冬季),这样母兔可以分泌大量乳汁,达到母壮仔肥的效果。

哺乳母兔饲料中粗蛋白质应达到16%~18%,能量达到11.7兆焦/千克,钙、磷也要达到0.8%和0.5%。但最近研究表明,采食过量的钙(>4%)或磷(>1.9%)会导致繁殖能力显著变化,发生多产性或增加死胎率。

初产母兔的采食能力也是有限的,因而在泌乳期间它们体内的能量储备很容易出现大幅降低(-20%)。因此,它们很容易由于失重过多而变得太瘦。如果不给它们休息,那么较差的体况会影响它们未来的繁殖能力。

哺乳母兔必须保证充足的饮水供应。

母兔泌乳量和乳汁质量如何,可以通过仔兔的表现反映出来。若仔兔腹部胀圆,肤色红润光亮,安睡少动,表明母兔泌乳能力强(图6-13);若仔兔腹部空瘪,肤色灰暗无光,用手触摸,头向上乱抓乱爬,

图6-13 仔兔肤色红润光亮

发出"吱吱"叫,表明母兔无乳或有乳不哺。若无乳,可进行人工哺乳;若有乳不哺,可进行人工强制哺乳。

1. 人工催乳

对于乳汁少的母兔,在提高饲粮营养水平或饲喂量的前提下,可采取人工催乳方法,使仔兔吃足奶(图6-14)。

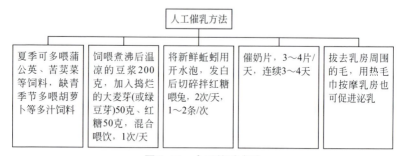

图6-14　人工催乳方法

2. 人工辅助哺乳

对于有奶而不愿自动哺育仔兔或在巢箱内排尿、排粪或有食仔恶癖的母兔,必须实行人工辅助哺乳。方法是将母兔与仔兔隔开饲养,定时将母兔捉进巢箱内,用右手抓住母兔颈部皮肤,左手轻轻按住母兔的臀部,让仔兔吃奶(图6-15)。如此反复数天,直至母兔习惯为止。一般每天喂乳2次,早晚各1次。对于连续两胎不自行哺乳的母兔作淘汰处理。

图6-15　人工辅助哺乳

三、哺乳母兔管理技术

确保母兔健康,预防乳腺炎,让仔兔吃上奶、吃足奶,是这一时期管理的重要内容。产后母兔笼内应用火焰消毒1次,可以烧掉飞扬的兔毛,预防毛球病的发生。兔舍温度较低的情况下,可以使用保温垫进行保温(图6-16)。

有条件的兔场采取母仔分离饲养法。其优点、方法和注意事项见图6-17。对"品"字形兔笼内置的产仔箱,可通过每天定时开启插板方式实施母仔分离饲养法(图6-18)。

图6-16 覆盖仔兔的保温垫

```
                    母仔分离饲养法
```

| 优点:提高仔兔成活率;母兔可以休息好,有利于下次配种;可以在气温过低、过高的环境下产仔 | 具体方法:待初生仔兔吃完第一次母乳后,把产箱连同仔兔一起移到温度适宜、安全的房间。以后每天早晚将产箱及仔兔放入原母兔笼,让母兔喂奶半个小时,再将仔兔搬出 | 注意事项:(1)对护仔性强或不喜欢人动仔兔的母兔,不要勉强采用此法。(2)产箱要有标记,防止错拿仔兔,导致母兔咬死仔兔。(3)放置产箱的地方要有防鼠害设施,通风良好 |

图6-17 母仔分离饲养法

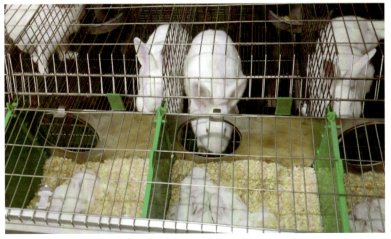

图6-18 有插板的产箱(可以实现母仔分离饲养)

母兔乳腺炎的预防措施：母兔一旦患上乳腺炎，轻则仔兔感染黄尿病死亡，重则母兔失去种用能力。乳腺炎的发生多由饲养管理不当引起，常见的原因有：①母兔奶量过多，仔兔吃不完的奶滞留在乳房内；②母兔带仔过多，母乳分泌少，仔兔吸破奶头感染细菌所致；③刺、钉等锋利物刺破乳房而感染。针对以上原因，可采取寄养、催乳、清除舍内尖锐物等措施，预防乳腺炎的发生。产后3天内，每天喂给母兔一次复方新诺明、苏打各1片，对预防乳腺炎有明显效果。如果群体发病，也可注射葡萄球菌菌苗，每年2次。

第五节 仔兔的饲养管理

出生到断奶的小兔称为仔兔。

一、仔兔生长发育特点

（1）仔兔出生时裸体无毛，体温调节功能还不健全，一般产后10天才能保持体温恒定。炎热季节巢箱内闷热特别易蒸窝中暑，冬季则易冻死。初生仔兔最适的环境温度为30～32℃。

（2）视觉、听觉未发育完全。仔兔出生后闭眼，耳孔封闭，整天吃奶睡觉。出生后8天耳孔张开，11～12天眼睛睁开。

（3）生长发育快。仔兔初生重40～65克。在正常情况下，出生后7天体重增加1倍，10天增加2倍，30天增加10倍，30天后也保持较高的生长速度。因此对营养物质要求较高。

二、仔兔饲养技术

仔兔早吃奶，吃足奶是这个时期的中心工作。

初乳营养丰富，富含免疫球蛋白，适合仔兔生长快、消化能力弱、抗病力差的特点，并且能促进胎粪排出，所以必须让仔兔早吃奶、吃足奶。

母性强的母兔一般边产仔边哺乳，但有些母兔尤其是初产母兔产后不喂仔兔。仔兔出生后5～6小时内，一般要检查吃奶情况，对有乳不喂的要采取强制哺乳措施。

在自然界，仔兔每日仅被哺乳1次，通常在凌晨，整个哺乳可在3～5分钟完成，吸吮相当于自身体重30%左右的乳汁。仔兔连续2～3天吃不到乳汁就会死亡。

补料技术：仔兔3周后从母兔乳汁中仅获取55%的能量，同时母兔将饲料转化为乳汁喂给仔兔，营养成分要损失20%～30%，所以3周龄开始给仔兔进行补料，既有必要，从经济观点来看也是合算的（图6-19）。

补料技术		
补料的目的：(1)满足仔兔营养需要；(2)锻炼仔兔肠胃消化功能，使仔兔安全渡过断奶关	补充饲料的营养成分：消化能11.3～12.54兆焦/千克，粗蛋白质20%，粗纤维8%～10%，加入适量酵母粉、酶制剂、生长促进剂和替抗添加剂、抗球虫药等。补饲料的颗粒大小要适当小些或加工成膨化饲料	补饲方法：(1)补饲时间：要从16日开始；(2)饲喂量从每只从4～5克/天逐渐增加到20～30克/天，每天饲喂4～5次，补饲后及时把饲槽拿走；(3)补料最好设置小隔栏，使仔兔能进去吃食而母兔吃不到。也可以把仔兔与母兔分笼饲养，仔兔单独补饲

图6-19　补饲方法

三、仔兔管理技术

初生仔兔要检查是否吃上初乳，以后每天应检查母兔哺乳情况。仔兔哺乳时将乳头叼得很紧，哺乳完毕后母兔跳出产箱时有时将仔兔带出产箱外又无力叼回，称为吊奶。对于吊奶的要及时把仔兔放回巢箱内。

1. 仔兔寄养

一般情况下，母兔哺乳仔兔数应与其乳头数一致。产仔少的母兔可为产仔多的、无奶或死亡的母兔代乳，称为仔兔寄养。

两窝合并，日龄差异不要超过2～3天。具体方法是：首先将保姆兔拿出，把寄养仔兔放入窝中心，盖上兔毛、垫草，2小时后将母兔放回笼内。这时应观察母兔对仔兔的态度。如发现母兔咬寄养仔兔，应迅速将寄养仔兔移开。如果母兔是初次寄养仔兔，最好用石蜡油、碘酒或清凉油涂在母兔鼻端，以扰乱母兔嗅觉，使寄养成功。寄养仅适用于商品兔生产。

目前国内外商品肉兔场，对同期分娩的所有仔兔根据体重重新分给母兔进行哺乳，这样可以使同窝仔兔生长发育均匀，提高成活率（图6-20～图6-23）。

图6-20　对商品仔兔根据体重进行二次分配

图6-21　分配后的各窝仔兔　　图6-22　将仔兔重新根据体重进行分窝　　图6-23　根据体重重新分配仔兔

2. 断奶方法

仔兔生长到了一定日龄就应进行断奶。

（1）断奶时间　28～42天，断奶时间与仔兔生长发育、气候和繁殖制度相关。

（2）断奶方法　根据仔兔生长发育情况和饲养模式可采取以下方法。①一次性断奶：全窝仔兔发育良好、整齐，母兔乳腺分泌功能急剧下降，或母兔接近临产，可采取同窝仔兔一次性全部断奶。②分批分期断奶：同窝仔兔发育不整齐，母兔体质健壮、乳汁较多时，可让健壮的仔兔先断奶，弱小者多哺乳数天，然后再离乳。对于断奶后的仔兔提倡原笼饲养方式。

（3）原笼饲养法　即到断奶时，将母兔取走，留下整窝仔兔在原笼饲养，采取这种方法可以减少因饲料、环境、管理发生变化而引起的应激，减少消化道疾病的发生，提高成活率（图6-24）。目前欧洲及国内大型兔场多采用这种方法。

图6-24　原笼饲养

幼兔的饲养管理

幼兔是指断奶到3月龄的小兔。实践证明，幼兔是肉兔一生中最难饲养的一个阶段。幼兔饲养成功与否关系到养兔业成败。做好幼兔饲养管理中的每个具体细节，才能把幼兔养好。

一、幼兔饲养技术

1. 保证哺乳期仔兔发育良好

仔兔哺乳期吃足奶是基础，开食是关键。保证母兔的营养需要，使其乳量充足。

2. 选择优质粗纤维饲料，保证日粮中粗纤维含量

幼兔生长发育快，有的日增重高达40多克，所以，幼兔饲料应是易消化、营养丰富、体积小的饲料。颗粒饲料中使用苜蓿草等优质草粉，保证日粮中粗纤维含量为13%～16%或木质素含量高于5.0%～5.5%。

设计幼兔饲料配方时要兼顾生长速度和健康风险之间的关系。对于养兔新手，应以降低健康风险为主，饲料营养不宜过高；对于有经验的，可以适当提高日粮营养水平，达到提高生长速度和饲料利用率的目的。

3. 科学饲喂

（1）断奶后20天内的饲养技术　实践证明，这一阶段的幼兔饲喂不当，极易引起多种消化道疾病的发生。据笔者限制饲喂试验结果表明，断奶后20天内，采取限制饲喂方法（即按自由采食量的85%的饲喂量），幼兔消化道的疾病（包括腹胀病）发生率可显著下降，为此，建议这一阶段需采取限制饲喂方式。

（2）断奶20天后的饲养技术　这一阶段可以逐渐增加饲喂量，直至近似于自由采食。目前，国内已生产出肉兔定时定量饲喂系统，饲喂量、饲喂时间可进行设置。

欧洲等国家虽然在提高饲料中粗纤维的前提下，幼兔多采取自由采食的饲喂方式，但也极力推荐采取限制饲喂方式，以降低消化道疾病尤其是小肠结肠炎（ERE）的发生率。

幼兔日粮中可适当添加些药物添加剂、复合酶制剂、益生元、益生素、抗驱虫药等，既可以防病又能提高日增重。

值得注意的是，必须给幼兔提供足够的采食面积（料盒长短、数量多少等），以防止个别强壮兔因采食过多饲料而引起消化道疾病。

二、幼兔管理技术

1. 过好断奶关

幼兔发病高峰多是在断奶后1～2周，主要原因是断奶不当。正确的方法应当是根据仔兔发育情况、体质健壮情况，决定断奶日龄、采取一次性断奶还是分期断奶。无论采取何种断奶方式，都必须坚持"原笼饲养法"，做到饲料、环境、管理三不变。

2. 合理分群

原笼饲养一段时间后，依据幼兔大小、强弱进行分群或分笼，每笼3～5只。

3. 预防腹部着凉

幼兔腹部皮肤菲薄，十分容易着凉，因此，寒冷季节、早晚要注意保持舍温，防止其腹部受凉，以免发生大肠杆菌病等消化道疾病。

4. 做好预防性投药

球虫病是为害幼兔的主要疾病之一，因此幼兔日粮中应添加氯苯胍、盐霉素、地克珠利或兔宝Ⅰ号等抗球虫病药物。饲料中加入一些洋葱、大蒜素等，对增强幼兔体质、预防胃肠道疾病有良好作用。

5. 做好疫苗注射工作

幼兔阶段根据情况须注射兔瘟、巴波二联苗、魏氏梭菌、大肠杆菌等疫苗，同时应搞好清洁卫生，保证兔舍干燥、清洁、通风。

第七节 商品兔快速生产技术

育肥就是短期内增加体内营养贮存，同时减少营养消耗，使肉兔采食的营养物质除了维持生命活动外，能大量蓄积在体内，以形成更多的肌肉和脂肪。对肉兔进行快速育肥已成为肉兔生产中决定经济效益的重要一环。

一、选择优良品种（或配套系）和杂交组合

育肥兔可分为幼兔直接育肥法和淘汰兔育肥法（图6-25）。

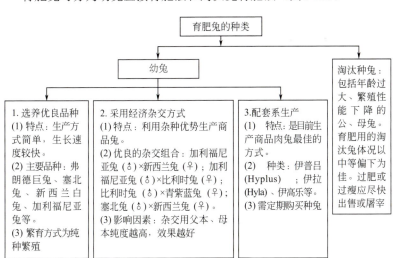

图6-25　育肥兔的分类

二、抓断奶体重

幼兔育肥效果与早期增重呈高度正相关。断奶体重大的仔兔，育肥期的增重就快，同时容易抵抗断奶、育肥过程等的应激，成活率就高。反之断奶体重越小，断奶后越难养，育肥期增重越慢。因此，要提高母兔的泌乳力，调整好母兔的哺育仔兔数，抓好仔兔补饲关。要求仔兔的30天断奶体重：中型兔500克以上，大型兔600克以上。目前肉兔配套系35天断奶的体重达800克，有的甚至更高，达1000克。

三、过好断奶关

断奶仔兔直接进入育肥期，容易引起疾病甚至死亡，因此要适时断奶，断奶后饲料、环境要相对恒定。最好原笼饲养。

四、控制好育肥环境

1. 育肥笼的大小

育肥兔以笼养为宜，这样可减少寄生虫病、消化道病等疾病的发生，有效提高育肥兔的成活率，同时可提高育肥效果。育肥笼的大小一般为0.5 米^2 或 0.25 米^2。饲养密度：通风和温度良好的条件下，按18只/米^2；条件较差的可按12～15只/米^2。

2. 育肥环境

温度适宜、安静、黑暗或弱光的环境有利于育肥。适于育肥的环境温度以25℃最佳，湿度为60%～65%。采用全黑暗或每平方米4瓦弱光，可促进生长，改善育肥效果。

五、饲喂全价的颗粒饲料

1. 营养水平

育肥用饲粮必须含有丰富的蛋白质、能量、适宜的粗纤维水平以及其他营养成分。育肥日粮推荐营养水平为：粗蛋白质16%～18%，消化能11.3～12.1兆焦，粗纤维13%～16%。为了提高育肥效果，可使用一些绿色生长促进剂（如酸化剂等）。

2. 饲料形态

饲料形态以颗粒饲料为宜。

六、限制饲喂与自由采食相结合，自由饮水

饲养方式一种是定时定量的限制饲喂法；另一种是自由采食法。对于幼兔，育肥前期以采用定时定量方式为宜，育肥后期以自由采食方式为宜。淘汰种兔可采用自由采食方式，供给充足的饮水。采用哪种饲喂方式也与饲料营养水平高低有关。

七、控制疾病

育肥期易感的主要疾病是球虫病、腹泻、巴氏杆菌病和兔瘟等，因此做好这几种疾病的预防工作，是育肥成功的关键所在。

（1）腹泻　断奶后兔群腹泻发病率较高，一旦出现采食下降、粪便不正常或腹泻，首先停止喂料1次或一天，一般第二天即可痊愈，对严重的及时对症治疗。

（2）球虫病　除饲料中添加抗球虫药物外，定期检查粪球中球虫卵的含量，及时采取措施。育肥期间，一旦发现病兔，要及时取出并隔离治疗。

（3）兔瘟　30～35天及时注射兔瘟疫苗，如果出栏期高于90日龄，应及时进行第二次兔瘟免疫。

（4）巴氏杆菌等呼吸道疾病　在做好兔舍通风良好的情况下，对打喷嚏、流鼻涕等症状的及时治疗；对张口呼吸、头向上仰等病情严重的作淘汰处理。

八、适时出栏

育肥期的长短因品种、日粮营养水平、环境等因素而异，一般来说，肉兔育肥从断奶至77日龄或3月龄等，主要根据市场对商品兔的体重需求和商品兔生长规律等进行确定。配套系以不同模式确定育肥期，一般体重达2.5～3.0千克即可出栏。中型兔以体重达2.25千克为宜。淘汰兔以30天增重1～1.5千克为宜。

据报道，纯种兔屠宰体重一般为该品种成年体重的60%，如果希望肉兔更肥一些，也可提高到70%。杂种兔的适宜屠宰体重可以按下面的方程式计算：

屠宰体重（千克）=父本活重×0.4+（母本活重×0.6）×0.6

九、弱兔的饲养管理

采用全进全出制饲养模式,一般到出栏期因体重小不能及时出售的占2%以上,为此在育肥过程中及时将同一笼位内体重过小的调整到与其体重相近的笼位中,同时对弱小兔加强饲养管理,对因患病致弱的兔及时治疗。

第八节 福利养兔技术

肉兔福利就是让肉兔在康乐的状态下生存,在无痛苦的状态下死亡。基本原则包括让动物享有不受饥渴的自由、生活舒适的自由、不受痛苦伤害的自由、生活无恐惧感和悲伤感的自由以及表达天性的自由。

开展肉兔福利养殖目的不仅让肉兔在康乐状态下生存,同时肉兔的生产力得到充分的提高,为人类提供大量的优质产品。开展福利养殖是兔业生产的重要方向之一。

福利养兔技术的内容很多,包括兔舍、兔笼的设计、饲料饮水供应、兔病防控和宰杀等。

目前,欧盟对肉兔福利养殖要求为每个商品兔饲养单元面积为7米^2,饲养50只,里面有月台,有供肉兔玩耍的圆筒和供肉兔啃咬的木棒(或铁链)(图6-26~图6-28)。种兔要求笼位面积1米^2,内设月台,供种兔休息(图6-29、图6-30)。

图6-26 福利养殖

图6-27 散养兔

图6-28 福利散养兔笼（有月台、木棒、玩具等）

图6-29 国内福利种兔笼

图6-30 国外福利种兔笼

据任克良等（2015）进行福利养殖与笼养比较研究表明，与笼养兔相比，福利养殖兔发病死亡率较高，因此日常要勤于观察，对腹泻等患病兔及时剔除，进行隔离治疗或淘汰，以免传染给其他兔只，导致死亡率上升。

兔群的常规管理

一、捉兔方法

从笼内捉兔时，应先将食槽、水盆取出，用手抚摸兔头，以防其受惊。然后用手把兔耳轻轻压在其肩峰处，并抓住该处皮肤，将兔提起，随后用另一只手托住其臀部，使兔的重量落在托兔的手上（图6-31）。注意兔的四肢不能正对检查者,防止其挠伤人。对于有咬人恶癖的兔子,可先将其注意力移开(如以食物引逗),然后迅速抓住其颈部皮肤。

抓耳朵、提后肢和腰部的捉兔方法都是不对的(图6-32、图6-33)。

图6-31 正确的抓兔方法　　图6-32 不正确的抓兔方法(提耳朵)　　图6-33 不正确的抓兔方法(提后肢)

二、公母鉴别

1. 初生仔兔性别鉴定

一般根据阴部生殖孔形状和距肛门的远近鉴别兔子公母。方法是用双手握住仔兔,腹部朝上,右手食指与中指夹住仔兔尾巴,左右手拇指轻压阴部开口两侧的皮肤。阴部生殖孔呈"O"形并翻出圆筒状突起,距肛门较远者为公兔;生殖孔呈"V"字的尖叶形,三边稍隆起,下端裂缝延至肛门,距肛门较近者为母兔(图6-34、图6-35)。

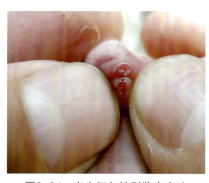  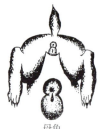

图6-34 出生仔兔性别鉴定方法　　图6-35 初生仔兔性别鉴定

2. 青年兔、成年兔性别鉴定

3月龄以上的青年兔和成年兔公母鉴别比较容易，方法是右手抓住兔子耳颈部，左手以中指和食指夹住兔子尾巴，以大拇指拨其阴部上方，使其暴露生殖孔。如生殖孔呈圆柱状突起为公兔，成年公兔有稍向下弯曲呈圆锥形的阴茎，母兔则可见到长形的朝向尾部的阴门。

三、年龄鉴别

确切了解兔的年龄，要查看兔的档案记录。在没有记录的情况下，只能根据兔的神情动作、趾爪长短、颜色、弯曲程度、牙齿颜色和排列方式以及被毛等情况来进行大致判断。

1. 青年兔

眼神明亮、活泼。趾爪短细而平直，有光泽，隐藏于脚毛之中。白色兔趾爪基部呈粉红色，尖端呈白色。一般情况下，粉红色与白色相等时约12月龄，红色多于白色时不足1岁（图6-36）。门齿洁白短小，排列整齐，皮板薄而紧密，富有弹性。

2. 壮年兔

行动敏捷，趾爪较长，白色稍多于红色。牙齿呈白色、稍粗长、整齐。皮肤结实紧密。

3. 老年兔

行动迟缓、颓废。趾爪粗长，爪尖弯曲（图6-37），约一半趾爪露在脚毛之外，无光泽，表面粗糙。门齿浅黄，厚而长，排列不整齐，皮肤厚而松弛。

图6-36 年龄鉴别（趾爪基部红色多于白色为青年兔）

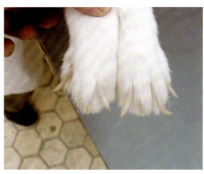

图6-37 年龄鉴别（趾爪白色多且向外弯曲为老龄兔）

四、编号

为了方便肉兔记录及选种、选配等,对种兔及试验兔必须进行编号,商品兔一般不需编号。

1. 编号时间

编号在仔兔断奶前或断奶时进行,这样不至于在断奶分笼或并笼时把血统搞乱。同时要用专用表格做好记录。一般习惯于在公兔左耳、母兔右耳编号。有的则采用两耳都编号,右耳编出生年月号码,左耳编出生日期及兔号。公兔用单号,母兔用双号。

2. 编号方法

(1)刺号法 刺号一般用专用的耳号钳(图6-38、图6-39),先将要编的号码插在钳子上排列好,再在兔耳内侧中央无毛且血管较少处,用酒精消毒要刺的部位。然后用耳号钳夹住要刺的部位,用力紧压,刺针即穿入皮肉(图6-40),取下耳号钳,用毛笔蘸取用食醋研的墨汁,涂于被刺部位,用手揉捏耳壳,使墨汁浸入针孔,数日后可呈现黑色。

图6-38 各种耳号钳(中间的为国外耳号钳)

图6-39 脚踏式刺号装置

图6-40 刺号

若无刺号钳，也可以用针刺法，即先消毒，涂好加醋墨汁，再用细针一个点一个点地刺成数码。

（2）耳标法　用铝片或塑料制成耳标，在其上编上号码。操作时，助手固定兔只，术者用小刀在耳朵边缘无血管处划一小口，将耳标穿过，固定即可（图6-41）。但耳标易被兔笼网眼挂住，撕裂兔耳。

五、去势

凡不留作种用的小公獭兔，都应去势。肉兔目前不主张去势。

1. 阉割法

阉割时将兔腹部朝上，用绳把四肢分开绑在桌子上。先将睾丸由腹腔挤入阴囊，用左手的食指和拇指捏紧固定，以免睾丸滑动，用酒精消毒切口处，然后用消毒过的手术刀或刮脸刀顺睾丸垂直方向切一个约1厘米的小口，挤出睾丸，切断精索。在同一切口处再取出另一个睾丸（图6-42）。摘除睾丸后，在切口处涂以碘酒消毒。最后将兔放入消毒过的清洁兔笼里。

2. 结扎法

用上述固定方法将睾丸挤到阴囊中，捏住睾丸，在睾丸下边精索处用尼龙线扎紧，或用橡皮筋套紧（图6-43）。然后再用同样方法结扎另一侧精索。由于血液不流通，数

图6-41　耳标

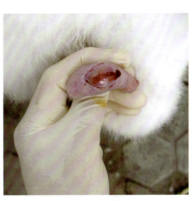

图6-42　阉割法

图6-43　结扎法

天后睾丸自行萎缩脱落。结扎后会发生特有的炎性反应。

3. 药物去势法

向睾丸实质内注射药物（一般为3%～5%碘酊）。根据睾丸大小，一般每侧注入0.5～1.0毫升（图6-44）。注意应把药物注入睾丸中心，否则会引起獭兔死亡。

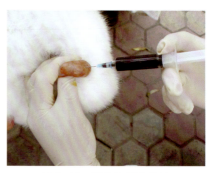

图6-44　药物注射去势法

六、修爪技术

随着不断长大，肉兔的脚爪不断生长，出现爪勾、左右弯曲，不仅影响活动，走动时极易卡在笼底板间隙内，导致爪被折断。而且由于爪部过长，脚着地的重心后移，迫使跗关节着地，引起脚皮炎，同时饲养人员抓兔时极易被利爪划伤，因此，及时给种兔修爪很有必要。在国外有专用的修爪剪刀，我国目前还没有专用工具，可用果树修剪剪刀代替。方法是：助手将兔捉起，术者左手抓住兔爪，右手持剪刀在兔爪红线外端0.5～1厘米处剪断即可（图6-45）。一般种兔从1.5岁以后开始剪爪，每年修剪2～3次。

图6-45　修爪

第七章 肉兔"全进全出"饲养模式

随着兔业科技进步,一种新的肉兔饲养模式即"全进全出"正在我国肉兔生产中迅速推广应用,其众多的优点得到养殖企业(户)的认可。本章对"全进全出"概念、优点和实施方法等进行阐述,旨在为全面、科学地普及"全进全出"饲养模式提供参考。

第一节 "全进全出"饲养模式的概念、特点

肉兔的"全进全出"是指一栋兔舍内饲养同一批次、同一日龄的肉兔,全部兔子采用统一的饲料、统一的管理,同一天出售或屠宰。每次出栏后对兔舍进行全面彻底的消毒。其具有以下特点。

一、易于实现环境控制和饲养管理程序化

同一栋兔舍的肉兔,日龄、生理阶段一致或相近,因此对环境温度、湿度、光照、饲料营养等需求一样或相近,这样有利于环境控制和统一的饲料供给和一致的管理。也便于饲喂、管理实现机械化或自动化。

二、减少肉兔疾病的发生率和死亡率

每批次兔子出栏后,须对整栋兔舍进行彻底地打扫、清洗和消毒,杜绝各种传染病的循环感染,保障肉兔健康,减少兔群疾病发生率和死亡率。

三、减少饲养管理人员的劳动强度和重复劳动

传统的饲养模式,每天都有母兔配种、产仔、出栏等,工作不规律,劳动强度大,职工没有节假日,离职率较高,而全进全出制能够提前安排工作,工作规律性强,重复劳动减少,劳动强度降低,根据工作日程,可以给职工安排节假日,对稳定职工有积极的意义。

四、利于肉兔销售,提高经济效益

目前,我国肉兔养殖与兔肉消费在地理上存在着巨大的差异。出栏的肉兔能够及时出售,可以获得较高的经济效益。传统的养殖模式每天都有出栏的兔子,由于出栏集中度不高,数量有限,不利于远程运输和销售,致使到期出栏的兔子不能及时销售,造成饲料消耗增加,经济效益下降。而全进全出制生产的兔子在同一天出栏,通过提前签订销售合同,预先确定销售日期、数量,甚至价格,到期出栏的兔子能够及时地出售,从而获得较高的经济效益。

第二节

实现"全进全出"的基本条件

一、选养经高度选育的种兔(或配套系)

"全进全出"饲养模式要求饲养的肉兔品种(或配套系)繁殖力高、生长速度快、抗病力强、群体的生产性能一致性好,为此,需要选择饲养经高度选育的品种或配套系。实践证明,目前优良的品种、肉兔配套系是兔群实现"全进全出"饲养模式的重要保证。

二、核心技术的支撑——同期发情、同期配种、同期产仔、同期断奶

"全进全出"的核心技术是"繁殖控制技术"和人工授精技术。繁殖控制技术就是采用物理和生化的技术手段,促进母兔群同期发情的各种技术集成,主要包括光照控制、饲喂控制、哺乳控制和激素控制等,具体方法见本书第四章。人工授精技术在本书繁殖一章进行了详细的论述。在这里强调全进全出制过程中对种公兔的压力比较大,因此,要注意以下三点。

1. 科学管理和使用公兔

人工授精的繁育模式下,种兔公母比例可以达到1∶100。实践证明5～28个月的公兔精液质量较好。种公兔的光照时间应保持在16小时,环境温度控制在15～20℃。采精安排要合理,每周采精2次,每次间隔14分钟最好。

2. 技术参数

实践证明,配套系种母兔输精时输精管插入母兔阴道的深度在11～12厘米,注射0.5毫升精液后马上注射促排卵激素0.8微克/只。

3. 做好疾病防控工作

输精过程要接触到生殖器官,因此操作要谨慎。发现母兔患有生殖系统炎症的母兔要停止输精并换手套或洗手等,操作人员立即消毒。为了防止疾病的传播,每只种兔输精都应更换输精套管。

4. 做好记录和分析

对每次采精后精液评价结果,及时淘汰不合格的公兔。记录数据结果、妊娠诊断结果、产仔结果等数据,定期统计分析,对屡配不孕的母兔作淘汰处理。

三、兔舍、笼具和环境调控

目前"全进全出"模式所采用的兔舍、笼具已得到业界的认可。同时重视环境控制和粪污处理等。

1. 兔舍和环境调控设备

"全进全出"模式兔舍的设置与传统的规模化养殖有本质的区别,一

般不用专门设置种兔舍、仔兔舍、育肥舍,所有的兔舍的设置均具备种兔繁殖和商品兔育肥的功能(图7-1、图7-2)。环境调控依靠通风换气设备,采用纵向低位通风的方式进行通风。根据地理位置和条件配置湿帘降温设施和空气过滤设施,甚至采用传感器和变频器等实现环境控制自动化(图7-3)。这些设施可以改善兔舍温度、湿度和有害气体浓度等环境指标。

图7-1 下层种兔笼兼顾育肥笼

图7-2 上层育肥笼

图7-3 兔舍环境控制系统

2. 笼具和产仔箱

兔笼的设计要人性化,便于生产操作,同时肉兔生活得舒适,减少疾病发生。目前较为科学实用的兔笼为单层或"品"字形双层,产仔箱与兔笼一体化,之间插一带有让肉兔出入的隔板,撤除隔板,会增加肉兔的空间(图7-4、图7-5)。这种设计有利于通风换气,利于生产操作,

图7-4 "品"字形兔笼

图7-5 种兔笼
（中间隔板已撤除）

利于肉兔生产和生长，利于消毒。外挂式产箱占用兔舍空间，不利于消毒，增加劳动强度，撤去产箱使有效利用空间减少。三层笼具虽然在理论上可以多养一些肉兔，但由于环境控制能力较差，兔群健康、管理成本增加，肉兔的遗传潜能得不到有效的发挥，成活率低于双层笼具，综合经济效益并不比双层笼具高。

四、科学合理的饲料营养水平

为了实现兔群全进全出制，必须为各类型兔提供适宜的营养。

1. 后备期（90日龄～第一次配种）

这一阶段的营养对后面繁殖极为重要，过肥和过胖都不利。合理的蛋白能量配比及适当的控制饲喂量是保障标准体重的关键，消化能9.5～10.0兆焦/千克，粗蛋白质16.0%较为有利；中性洗涤纤维（NDF）40.0%，酸性洗涤纤维（ADF）20.0%，酸性木质素（ADL）＞6%，对提高繁殖母兔全期的健康指数较为有利。同时要注意饲粮中维生素、微量元素等的添加。

2. 妊娠期

单纯妊娠母兔的营养需要低于哺乳母兔和边妊娠边哺乳的母兔，但在生产中往往不方便区别用料，而用同一种母兔料，通过饲喂量控制不同阶段的种用体况，所以第一胎配种后2～3周要根据体况实地控制饲喂量，以防母兔过肥，影响繁殖性能。

3. 空怀期

配种后12～14天摸胎（妊娠诊断）确认为受孕而又未哺乳的母兔，其营养需要仅为维持自身繁殖体能，因此要控制饲喂量，具体饲喂量要根据母兔体况确定，一般在160～180克较为适合。未怀孕但哺乳的母兔，要根据体况变化调整饲喂量。

4. 哺乳期

高频密繁殖状态下，母兔更多的生理状态是边哺乳边妊娠，这时母兔的营养要满足泌乳、妊娠和自身维持需要，蛋白质、能量需求量最高，消化能达到10.5～11.0兆焦/千克，粗蛋白质17.0%～18.0%，而且氨基酸需要平衡，饲喂方式为自由采食。

5. 准断奶阶段

母兔产仔21日龄之后泌乳力逐渐下降，腹中胎儿处在关键的胚胎前期，仔兔的采食量快速上升，并准备断奶，这时的营养需要兼顾三者，准断奶料的消化能10.0兆焦/千克，粗蛋白质16.0%较为适宜，同时蛋白质的质量较为重要。适当提高粗纤维的含量，尤其是木质素的含量不能低于5.5%。要确保母仔自由采食。准断奶料的合理使用可以减少断奶仔兔的换料应激，提高成活率。

五、饮水处理设备

水是肉兔重要的营养需求，全进全出制对肉兔生理压力较大，对水质的要求较高，一般要符合饮用水的标准。建议根据当地水质情况，必要时设置相应水处理系统，保障水质。饮水线一般在全进全出彻底消毒时清理一次即可。

六、粪污和病死兔的处理

兔场粪污、病死兔处理与否对兔场本身和周边环境都有重要的影响。要做到粪尿分离和粪水分离，一方面便于对兔粪进行无害化处理，另一方面可以提高兔粪的商品价值。粪污处理方法有堆肥处理和沼气发酵等，也在此基础上生产生物有机肥等。病死兔处理按照有关规定进行无害化处理，切忌随意丢弃，避免对环境造成污染。

第三节

"全进全出"工艺流程与主要参数

一、工艺流程

采用"全进全出"饲养模式的兔场,就是采用繁殖控制技术和人工授精技术,批次化安排全年生产计划。

按照繁殖间隔时间、商品兔出栏体重的不同,主要有42天繁殖周期和49天繁殖周期和56天繁殖周期等3种方式,即2次人工授精之间或2次产仔之间的间隔是42天、49天或56天。实现"全进全出",需要有转舍的空间,兔舍数量是7的倍数或者成对设置,所有兔舍都具备繁殖和育肥双重功能,每栋兔舍有相同的笼位数。笼位为上下两层,下层为繁殖笼位,在繁殖笼位外端用各半区分出一体式产仔箱,撤掉隔板后繁殖笼位有效面积增大,上层笼位可以放置育肥兔或后备兔。

49天、56天繁殖周期详见第四章第五节。

现以42天繁殖周期为例,阐述养兔工艺流程(图7-6)。设兔场有

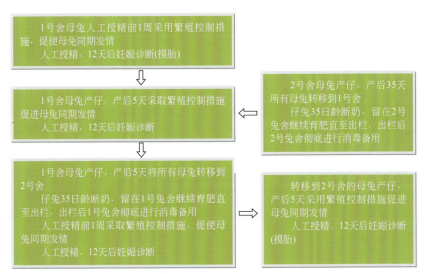

图7-6 以42天繁殖周期为例的全进全出工艺流程图

兔舍1和兔舍2，假设将后备母兔转入1号兔舍，放在下层的繁殖笼位，适应环境后可进行同期发情处理，即人工授精前6天由12小时光照增加到16小时光照，由限饲转为自由采食（图7-7）。人工授精后11天内持续16小时光照，人工授精7天后至产前5天限制饲喂。授精12天后做妊娠检查（摸胎），空怀母兔集中管理，限制饲喂。

图7-7　种兔补充光照

产仔前5天将隔板和垫料放好，由限制饲喂转为自由采食。第一批产仔，产仔后进行记录，做好仔兔选留和分群工作，淘汰不合格仔兔，将体重相近的仔兔分在一窝。1号舍母兔产后5天开始由12小时光照增加到16小时，产后11天再进行人工授精，人工授精后11天内持续16小时光照。人工授精7天后上批次空怀母兔限饲，授精后12天做妊娠检查（摸胎），新空怀母兔集中管理，空怀不哺乳的母兔限制饲喂，空怀哺乳的母兔自由采食。在仔兔35日龄断奶后，所有母兔转群到空置的2号兔舍，断奶仔兔留在1号兔舍原笼位育肥，一周或10天左右可适度分群，部分仔兔分到上层的空笼位中。转群到2号兔舍的母兔在1周左右开始产仔（第二批），产仔后记录，做好仔兔选留和分群工作，淘汰不合格仔兔，将体重相近的仔兔分在一窝。2号兔舍母兔产仔后5天开始由12小时光照增加到16小时，产后11天再进行人工授精，人工授精后11天内持续16小时光照。人工授精7天后上批次空怀母兔限饲，摸胎后，新空怀母兔集中管理，空怀不哺乳的母兔限制饲喂，空怀但不哺乳母兔自由采食。1号兔舍仔兔70日龄育肥出栏，1号空兔舍进行清理、清洗、消毒后备用。2号兔舍35日龄仔兔断奶，所有母兔转群到已经消毒空置的1号兔舍，断奶仔兔留在2号兔舍原笼位育肥，一周或10天左右可适度分笼，部分仔兔分到上层的空笼位中。如此循环，此流程也称为"全进全出"42天循环繁育模式。

兔舍1和兔舍2可以是相邻的或联排式的，中间设置通道门，用于转运兔，以降低转群的劳动强度（图7-8、图7-9）。

图7-8 联排兔舍

图7-9 联排兔舍间的通道

二、"全进全出"养兔时间轴

全进全出制养兔可以根据全年的生产任务设计全年的主要工作安排，可以用时间轴的表达方式指导生产操作（表7-1）。假设是新建的肉兔养殖场，于1月1日引进17周龄（5～12周龄）后备母兔自由采食，13～17周龄供给哺乳母兔饲料，限制饲喂160～180克/只，全年按照42天繁殖周期全进全出循环繁殖模式，可人工授精9个批次，出栏7个批次的商品兔。可根据当地的疾病流行情况在其中加入免疫计划，根据产仔箱类型加入哺乳控制方案等。

表7-1 全进全出模式时间轴

2013年	周龄	种母兔光照计划/小时	生产操作（假设新兔场，两栋兔舍，两层笼具，下层为种兔笼，上层为育肥笼）
1月1日	18	12	整群17～18周龄的后备种兔于1月1日转入1号兔舍适应环境。2号兔舍空栏备用。饲喂哺乳母兔料160～180克/只
1月10日	19	16	1号舍加光，饲喂哺乳母兔饲料，自由采食
1月16日		16	1号舍母兔第一批人工授精，饲喂哺乳母兔料，自由采食，授精7天之后饲喂哺乳母兔料160～180克/只
1月27日		12	摸胎，空怀母兔集中管理，限饲160～180克/只
2月10日		12	怀孕母兔自由采食，安装产仔箱，添加垫料

续表

2013年	周龄	种母兔光照计划/小时	生产操作（假设新兔场，两栋兔舍，两层笼具，下层为种兔笼，上层为育肥笼）
2月14日	24	12	1号舍母兔产仔，第一批仔兔
2月19日		16	1号舍在繁母兔、空怀母兔和后备母兔同时加光
2月25日		16	1号舍母兔第二批人工授精
3月7日	27	16	撤产仔箱，自由采食，准断奶料
3月9日		16	1号舍母兔摸胎，空怀母兔集中饲养，限饲
3月20日		12	1号舍第1批仔兔断奶，换断奶料，留原地育肥；所有母兔转群到2号兔舍
3月21日	29	12	2号舍安装产仔箱，添加垫料，后备兔补栏
3月27日		12	2号舍母兔产仔，第二批仔兔
4月1日		16	2号舍所有母兔加光
4月7日		16	2号舍母兔第三批人工授精
4月16日		16	2号舍母兔撤产仔箱
4月19日		16	2号舍母兔摸胎，空怀母兔集中饲养，限饲
4月24日		12	1号舍第1批仔兔育肥出栏，清理、清洗、消毒、空舍
5月1日		12	2号舍第2批仔兔断奶，换断奶料，留原地育肥；所有母兔转群到1号兔舍，补充后备母兔
			以下按程序循环进行

三、技术参数

"全进全出"模式的技术参数较多，主要是通风换气、转群操作和空怀母兔的管理等。

1. 兔舍通风换气和环境控制

通风换气是规模兔群主要技术措施之一。日常空气质量控制指标：二氧化碳浓度要小于0.10%，氨气浓度要小于0.01%，相对湿度控制在55%～75%，不同生理阶段的肉兔对温度要求不同，母兔16～20℃，产仔箱仔兔28～30℃，生长兔15～18℃；根据温度不同，空气流量每小时1～8米^3，笼内空气流速0.1～0.5米/秒。规模养殖对环境控制质量重视不够，导致呼吸道疾病发生率很高，有的在断奶后不久就因呼吸道疾病而死亡，造成很大的经济损失。每次全出后的彻底清理、清洗和消毒减少了兔舍中病原种类和数量，有利于提高成活率。

2. 转群操作和应激管理

传统养兔模式断奶时多采用转移仔兔的方法，这时因断奶应激、转群应激、分窝应激、新环境应激等应激叠加，致使转群后的幼兔生长缓慢、疾病发生率升高。而"全进全出"模式在仔兔断奶后，将妊娠母兔转移到已经消毒好的空兔舍，为即将出生的仔兔创造了相对卫生的环境，有助于提高仔兔的成活率。断奶仔兔在刚刚断奶时留在原笼育肥，断奶7～10天后进行分群，两层笼具的兔舍可就近将同一窝的仔兔分到一起，避免了重新分群的应激和运输应激，减少了应激的叠加刺激，减少了仔兔的伤亡。

3. 种兔更新和空怀母兔的管理

种兔更新要在每次人工授精至少半个月之前进行。让后备种兔充分休息和适应环境非常重要，也就是说在人工授精前半个月以内尽量不要移动母兔。种兔更新对于保持兔群高的繁殖能力非常重要，最佳状态是种群年龄的金字塔结构：0～3胎的种兔占种群30%左右，4～9胎龄的种兔占50%左右，10胎龄以上的占20%左右。

种兔的淘汰和更新最重要的依据是考核健康状况、繁殖能力和泌乳能力。有呼吸道疾病、传染性皮肤病（如毛癣菌病、螨病等）、生殖器官炎症、乳腺炎、严重的脚皮炎等均应淘汰。连续3胎产活仔数少于21只的母兔和连续3胎贡献断奶仔兔数少于21只的种兔要淘汰。连续2次人工授精不孕的母兔须作淘汰处理。

每次人工授精之后都会有一定比例的母兔不能怀孕，这些空怀母兔的管理十分重要，除了前面提到的实施限饲措施外，要严格遵循2次人工授精时间不能少于21天，让黄体自然消退利于空怀母兔再妊娠。

第四节

"全进全出"模式的核心技术

"全进全出"模式的核心技术是繁殖控制技术和人工授精技术,离开这两项技术,全进全出制无法实现。

一、繁殖控制技术

繁殖控制技术是综合性技术集成,需要光照计划、饲喂控制、哺乳刺激和激素的合理使用。兔舍和笼具的类型都会影响光照效果,需要因地制宜,实地测量光照强度并及时调整,达到最佳效果。在目前促发情激素质量不稳定的情况下,建议不用促发情激素,以免造成繁殖障碍。在人工授精时使用促排卵激素是必要的,目前无法省略,内容详见第四章第四节。

二、人工授精技术

人工授精技术也是一门很强的技术,精液的采集、镜检、评分、稀释、贮存、运输和使用等各个环节的操作都会影响受胎情况,甚至对种兔的健康影响很大。因此对每个环节严格把关,这样才能获得理想的受胎率。

第五节

注意事项

一、做好兔舍彻底消毒工作

每批次商品兔出栏后要对兔舍进行全面细致的清扫、清洗和消毒。

二、做好"全出"

要实现全进全出制饲养方式,首先要做好及时全出,同时做好各个环节的衔接工作,否则计划无法实现。

三、及时做好种兔淘汰工作

经常性对兔群中繁殖性能差以及脚皮炎、乳腺炎等发病严重的种兔进行淘汰。

四、加强兔群中弱小兔的饲养管理，提高合格出栏兔的比例

对育肥兔群中弱小兔要特别对待，合理分群，加强饲养管理，提高日增重，保证及时出栏。

五、做好订单生产

养殖企业（户）要与兔肉加工企业、经纪人等签订销售合同，在价格、数量、体重等方面进行约定。一次数量不足时也可与相邻企业、养殖户合作和企业签订销售合同。目的是保证合格商品兔能够及时以较高的价格出售。

第八章

商品兔销售与兔产品初加工

肉兔饲养到出栏体重应及时出栏,有条件的企业对兔产品进行初步加工,可以提高附加值且便于储存,获得较高的经济效益。

商品兔的销售

目前,我国肉兔生产呈现生产区域不平衡,消费区域不平衡以及价格区域不平衡。养殖企业分布在全国各地,主要生产省市在四川、重庆、山东、河南、河北、山西和江苏等,生产量约占80%,其他地区(如新疆等地)饲养量也在不断增加。兔肉消费区域以四川、重庆消费量最大,其次是广东、福建等地,其他省市消费量较低,此外还有以冻兔肉出口欧盟、美国等国家的企业分布在山东、山西等地。价格因地方不同差异较大,如广东、福建等的兔肉销售价格较北方省份高。鉴于此,目前多数肉兔养殖户尤其是养兔大中型企业通过肉兔销售经纪人向外地销售,也有的企业自行直接销售到市场。

一、经纪人的选择

选择那些人品好、有信誉、讲诚信的作为本养殖场经纪人,也可通过其他养殖企业介绍确定人选。对那些不讲诚信者坚决不用。

二、签订销售合同

在销售肉兔、兔肉及其产品时,尽可能地签订销售合同,其内容包括以下几点。

(1)品名、规格、产地、质量标准、包装要求、计量单位、数量、单价、供货时间及数量。

(2)供方对质量负责的条件和期限。

(3)交(供)货方式及地点。

(4)运货方式。

(5)运输费用负担。

(6)合理损耗计算及负担。

(7)包装费用负担。

(8)验收方法及提出异议的期限。

(9)结算方式及期限。

(10)违约责任。甲乙双方均应全面履行合同约定,一方违约给另一方造成损失的,应当承担赔偿责任。

(11)其他约定事项。包括合同一式两份,自双方签字之日起生效。如果出现纠纷,双方均可向有管辖权的人民法院提起诉讼。

销售肉兔时要说明最小收购体重、价格、健康状况和最迟拉货时间等。

三、销售肉兔注意事项

养殖企业在销售商品肉兔时要注意以下几点。

(1)严禁经纪人、商贩或车辆、笼具进入养殖场。经纪人(商贩)流动性较大,若进入兔场,传染疾病的风险较大。出售方应按约定要求将合格兔子拉到场外进行装车。同时对周转笼进行彻底消毒。

(2)供货方应协助经纪人在当地办理动物卫生检疫证明等相关手续。

(3)长途运输要保障通风,防止肉兔窒息。

(4)炎热季节要做好防暑降温工作,保障运输途中的安全。

第二节

屠宰与初加工

有条件的企业对自行生产的商品兔进行屠宰、初加工,一方面可以及时将出栏兔进行宰杀,同时经过初加工,增加附加值,获得较高的收入。

一、肉兔的屠宰

兔的屠宰包括以下程序(图8-1)。

图8-1　屠宰程序

1. 宰前准备

对候宰的活兔,应逐一进行健康检查,剔除病兔。对患有传染病的兔,应隔离处理。兔屠宰前12小时应断食,但要供给充足饮水。宰前2～4小时停止供饮水。

2. 处死

处死的方法有电击昏法等。电击昏法,又名电麻法,即采用电麻转盘击昏兔子倒挂放血法,主要用于规模化兔肉加工厂和专业化大型屠宰场(图8-2)。

3. 放血

致死后应立即放血,否则将影响兔肉品质,贮藏时易变质发臭。放血时将兔子倒吊在特制的金属挂钩上或用细绳拴住后肢,再用利刀迅速沿左下颌骨边缘,割开皮毛切断动脉。放血一是要避免污染毛,二是要尽可能放尽

图8-2　电击装置

血。放血持续时间一般为2～3分钟。

4. 剥皮

放血后应立刻剥皮。专业加工厂一般采用半机械化和机械化剥皮，一般养殖户则以袋剥法手工剥皮（图8-3）。

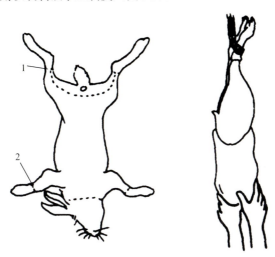

图8-3　手工剥皮方法
1—沿两后肢股内侧将皮划开；2—在腕关节处剪掉

5. 剖腹

先分开耻骨联合，再从腹部正中线下刀开腹。注意避免刺破脏器，污染肉体。然后出腔，用手将胸腹腔脏器一起掏出。

6. 检验

检验胴体和内脏各器官，观察其色泽、大小，以及有无瘀血、充血、炎症、脓肿、肿瘤、结节、寄生虫和其他异常现象，尤其检查蚓突和圆小囊上的病变。合格的胴体色泽正常，无毛，无血污，无粪污，无胆汁，无异味，无杂质。发现球虫病和仅在内脏部位的豆状囊尾蚴、非黄疸性的黄脂肪不受限制。

凡发现结核、伪结核、巴氏杆菌病、野兔热、黏液瘤、黄疸、脓毒症、坏死杆菌病、李氏杆菌病、副伤寒、肿瘤和密螺旋体等疾病，一律检出。检验后去掉有病脏器，洗净脖血，从跗关节处截断后肢。

7. 修整

修除体表和腹腔内表层脂肪、残余内脏、生殖器官、耻骨附近（肛门周围）的腺体和结缔组织、胸腺、气管、胸腹腔内大血管、体表明显结缔组织和外伤。用毛巾擦净肉尸各部位的血和浮毛，或用高压自来水喷淋肉尸，冲去血污和浮毛，进入冷风道沥水冷却。

二、兔肉初加工

根据加工及烹调对兔肉的要求，肉兔屠宰后可按以下几种方法分段或去骨，进行初步加工。

（1）整只胴体冻结，冷藏或出售。

（2）整只兔按头、前肢和胸部、背部、后腿部、肚腩等切割，出售或加工。

（3）整只兔去骨后加工为冻兔（图8-4）。

图8-4　待冷冻的兔肉

三、兔肉深加工

目前，我国相继建立了许多兔肉熟制品加工厂，生产的产品有烤兔、熏制兔、卤制兔等，深受消费者欢迎（图8-5、图8-6）。

图8-5　兔肉加工车间

图8-6　碳烤兔

第三节

兔皮防腐处理、保存、销售

一、兔皮的防腐处理

宰杀肉兔后取得兔皮可直接销售给客户，不能及时销售时，可直接放到冷库保存，或作防腐处理，方法为：在板面均匀擦抹足够的食盐，然后板面对板面叠合堆放24小时左右将皮腌透，在地面铺一层白纸，将兔皮平铺在其上，板面朝上，用手抚平，置通风阴凉处晾干即可贮存（图8-7～图8-11）。食盐腌制的皮张，具有不易变质、不会皱缩、不长蝇蛆、皮板平顺等优点，但遇阴雨天易回潮。

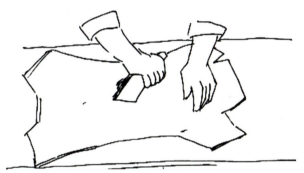

图8-7 手工刮油方法（刘汉中）

图8-8 开皮支架

图8-9 手工盐渍防腐法

图8-10　板面对板面叠合堆放24小时让皮腌透　　　图8-11　晾晒兔皮

二、兔皮的贮存与保管

将经防腐处理过的兔皮，按等级、大小、色泽每10张捆扎，装入木箱或洁净的麻袋里，平放在通风、隔热、防潮且地面最好为瓷砖或地板的库房内。库房要防鼠防蚁，温度5～25℃，相对湿度60%～70%。为防止虫害，打捆时皮板上可撒施精苯粉或二氯化苯等药剂。

三、出售

若价格合理应尽早出售，以减少长期贮存对皮毛质量的不良影响。

第九章 兔病综合防控技术

肉兔体形小，抗病力差，一旦患病往往来不及治疗或治疗费用高，为此，生产中应严格遵循"预防为主，防重于治"的原则，根据肉兔的生物学特性，针对肉兔发病规律，采取综合防控技术措施，保障兔群健康，最终达到提高养兔经济效益的目的。

第一节 兔病发生的基本规律

一、兔病发生的原因

兔病是机体与外界致病因素相互作用而产生的损伤与抗损伤的复杂的斗争过程。在这个过程中，机体对环境的适应能力降低，肉兔的生产能力下降。

兔病发生的原因一般可分为外界致病因素和内部致病因素两大类。

1. 外界致病因素

是指肉兔周围环境中的各种致病因素。

（1）生物性致病因素　包括各种病原微生物（细菌、病毒、真菌、螺旋体等）和寄生虫（如原虫、蠕虫等），主要引起传染病、寄生虫病、某些中毒病及肿瘤等。

（2）化学性致病因素　主要有强酸、强碱、重金属盐类、农药、化学毒物、氨气、一氧化碳、硫化氢等化学物质，可引起中毒性疾病。

（3）物理性致病因素　指炎热、寒冷、电流、光照、噪声、气压、湿度和放射线等诸多因素，有些可直接致病，有些可促使其他疾病的发生。如炎热而潮湿的环境容易导致中暑，高温可引起烧伤，强烈的阳光长时间照射可导致日射病，寒冷低温除可造成冻伤外，还能削弱肉兔机体的抵抗力而促使感冒和肺炎的发生等。

（4）机械性致病因素　是指机械力的作用。大多数情况下，这种病因来自外界，如各种击打、碰撞、扭曲、刺戳等可引起挫伤、扭伤、创伤、关节脱位、骨折等。个别的机械力是来自体内，如体内的肿瘤、寄生虫、肾结石、毛球和其他异物等，可因其对局部组织器官造成的刺激、压迫和阻塞等而造成损害。

（5）其他因素　除上述各种致病因素外，机体正常生理活动所需的各种营养物质和机能代谢调节物质（如蛋白质、糖、脂肪、矿物质、维生素、激素、氧气和水等），因供给不足或过量，或是体内产生不足或过多，也都能引起疾病。

此外，应激因素在疾病发生上所产生的影响也日益受到重视。

2. 内部致病因素

兔病发生的内部因素主要是指兔体对外界致病因素的感受性和抵抗力。机体对致病因素的易感性和防御能力与机体的免疫状态、遗传特性、内分泌状态、年龄、性别和兔的品种等因素有关。

二、兔病的分类

根据兔病发生的原因可将兔病分为传染病、寄生虫病、普通病和遗传病等。

1. 传染病

传染病是指由致病微生物（即病原微生物）侵入机体而引起的具有一定潜伏期和临床表现，并能够不断传播给其他个体的疾病。常见的传染病有病毒性传染病、细菌性传染病和真菌性传染病等。

2. 寄生虫病

是由各种寄生虫侵入机体内部或侵害体表而引起的一类疾病。常见的有原虫病、蠕虫病和外寄生虫病等。

3. 普通病

普通病（非传染病）由一般性致病因素引起的一类疾病。引起兔普通病常见的病因有创伤、冷、热、化学毒物和营养缺乏等。临床上，常见的普通病有营养代谢病、中毒性疾病、内科病、外科病及其他病等。

4. 遗传病

是指由于遗传物质变异而对动物个体造成有害影响，表现为身体结构缺陷或功能障碍，并且这种现象能按一定遗传方式传递给其后代的疾病，如短趾、八字腿、牛眼等。

三、兔病发生的特点

与其他动物相比，肉兔的疾病发生、发展和防治不同，有其如下特点。了解这些特点，有助于养兔生产者做好兔病防控工作。

1. 机体弱小，抗病力差

与其他动物相比，肉兔体小、抗病力差，容易患病，治疗不及时死亡率高。同时由于单个肉兔经济价值较低，因此在生产中必须贯彻"预防为主，防重于治"的方针，同时及早发现，及时隔离治疗。

2. 消化道疾病发生率较高

肉兔腹壁肌肉较薄，且腹部紧贴地面，若所在环境温度低，导致腹部着凉，肠壁受冷刺激时，肠蠕动加快，特别容易引起消化功能紊乱而导致腹泻，继而发生大肠杆菌、魏氏梭菌等疾病，为此应保持肉兔所在环境温度相对恒定。

3. 拥有类似与牛、羊等反刍动物瘤胃功能的盲肠，其微生物区系易受饲养管理的影响

肉兔属小型草食动物，对饲草、饲料的消化主要靠盲肠微生物的发酵来完成。因此，保持盲肠内微生物区系相对恒定，是降低消化道疾病发生率的关键问题。为此生产中要坚持"定时、定质，更换饲料要逐步

进行"的原则。同时，治疗疾病时慎用抗生素，如果使用不当（如长期口服大量抗生素），就会破坏兔盲肠中的微生物区系，导致消化功能紊乱。这一特点要求我们在预防、治疗兔病中要注意慎重选择抗生素的种类，使用一种新的抗生素要先做小试，同时给药方式以注射方式为宜，也要注意用药时间、剂量等。

4. 大兔耐寒怕热，小兔怕冷

高温季节要注意中暑的发生。小兔要保持适宜的舍温。

5. 肉兔抗应激能力差

气候、环境、饲料配方、饲喂量等突然变化，往往极易导致肉兔发生疾病，因此在生产的各个环节要尽量减少各种应激，以保障兔群健康。

6. 一些疾病肉兔多发

如创伤性脊椎骨折、脚皮炎等。在生产中要避免让兔受惊，选择脚毛丰满的个体作为种兔，保持兔舍干燥，笼底板以竹板为宜。

第二节 兔病综合防控技术措施

为了保障兔群健康，必须采取综合防控措施，才能达到预期效果。其内容包括以下几种。

一、加强饲养管理

包括重视兔场、兔舍建设，创造良好的生活环境；合理配制饲料，保证饲料质量、更换饲料逐步进行；按照肉兔不同的生理阶段实行科学的饲养管理；加强选种，制订科学繁育计划，降低遗传性疾病发病率和培育健康兔群。

二、坚持自繁自养，慎重引种

三、减少各种应激因素的影响

四、建立卫生防疫制度并认真贯彻落实

进入场区要消毒；场内谢绝参观，禁止其他闲杂人员和有害动物进入场内；搞好兔场环境卫生，定期清洁消毒；杀虫灭鼠防兽，消灭传染媒介。

五、严格执行消毒制度

消毒是预防兔病的重要一环。其目的是消灭散布于外界环境中的病原微生物和寄生虫，以防止疾病的发生和流行。在消毒时要根据病原体的特性、被消毒物体的性能和经济价值等因素，合理地选择消毒剂和消毒方法。

六、制订科学合理的免疫程序并严格实施

免疫接种是预防和控制肉兔传染病十分重要的措施。免疫接种就是用人工的方法，把疫苗或菌苗等注入肉兔体内，从而激发兔体产生特异性抵抗力，使易感的肉兔转化为有抵抗力的肉兔，以避免传染病的发生和流行。

1. 肉兔常用的疫苗

目前肉兔常用疫苗种类、使用方法及注意事项见表9-1。

表9-1 肉兔常用疫苗种类、使用方法及注意事项

疫（菌）苗名称	预防的疾病	使用方法及注意事项	免疫期
兔瘟灭活苗	兔瘟	30～35日龄初次免疫，皮下注射2毫升；60～65日龄二次免疫，剂量1毫升，以后每隔5.5～6.0个月免疫1次，5天左右产生免疫力	6个月
巴氏杆菌灭活苗	巴氏杆菌病	仔兔断奶免疫，皮下注射1毫升，7天后产生免疫力，每兔每年注射3次	4～6个月
波氏杆菌灭活苗	波氏杆菌病	母兔配种时注射，仔兔断奶前1周注射，以后每隔6个月皮下注射1毫升，7天后产生免疫力，每兔每年注射2次	6个月
魏氏梭菌（A型）氢氧化铝灭活苗	魏氏梭菌性肠炎	仔兔断奶后即皮下注射2毫升，7天后产生免疫力，每兔每年注射2次	6个月
伪结核灭活苗	伪结核耶新氏杆菌病	30日龄以上兔皮下注射1毫升，7天后产生免疫力，每兔每年注射2次	6个月

第九章 兔病综合防控技术

续表

疫（菌）苗名称	预防的疾病	使用方法及注意事项	免疫期
大肠杆菌病多价灭活苗	大肠杆菌病	仔兔20日龄进行首免，皮下注射1毫升，待仔兔断奶后再免疫1次，皮下注射2毫升，7天后产生免疫力，每兔每年注射2次	6个月
沙门氏杆菌灭活苗	沙门氏杆菌病（下痢和流产）	怀孕初期及30日龄以上的兔，皮下注射1毫升，7天后产生免疫力，每兔每年注射2次	6个月
克雷伯氏菌灭活苗	克雷伯氏菌病	仔兔20日龄进行首免，皮下注射1毫升，仔兔断奶后再免疫1次，皮下注射2毫升，每兔每年注射2次	6个月
葡萄球菌病灭活苗	葡萄球菌病	每兔皮下注射2毫升，7天后产生免疫力	6个月
呼吸道病二联苗	巴氏杆菌病、波氏杆菌病	怀孕初期及30日龄以上的兔，皮下注射2毫升，7天后产生免疫力，每兔每年注射2次	6个月
兔瘟-巴氏-魏氏三联苗	兔瘟、巴氏杆菌病、魏氏梭菌病	青年兔、成年兔每兔皮下注射2毫升，7天后产生免疫力，每兔每年注射2次。不宜作初次免疫	4～6个月

2. 免疫接种类型

肉兔免疫接种类型有以下两种。

（1）预防接种　为了防患于未然，平时必须有计划地给健康兔群进行免疫接种。

（2）紧急接种　在发生传染病时，为了迅速控制和扑灭疫病的流行，而对疫群、疫区和受威胁区域尚未发病的兔群进行应急性免疫接种。实践证明，在疫区内使用兔瘟、魏氏梭菌、巴氏杆菌、支气管败血波氏杆菌等疫（菌）苗进行紧急接种，对控制和扑灭疫病具有重要作用。

紧急接种除使用疫（菌）苗外，也常用免疫血清。免疫血清虽然安全有效，但常因用量大、价格高、免疫期短，大群使用往往供不应求，目前在生产上很少使用。

3. 推荐的兔群防疫程序

为了保障兔群安全生产，促进养兔业健康发展和经济效益的提高，养兔场、户应根据兔病最新流行特点和本场兔群实际情况，制订科学合理的兔群防疫程序并严格执行。

七、有计划地进行药物预防及驱虫

对兔群应用药物预防疾病,是重要的防疫措施之一,尤其在某些疫病流行季节之前或流行初期,应用安全、低廉、有效的药物加入饲料、饮水或添加剂中进行群体预防和治疗,可以收到显著的效果。

八、加强饲料质量检查,注意饲料和饮水卫生,预防中毒病

俗话说"病从口入",饲料、饮水卫生的好坏与肉兔的健康密切相关,应严格按照饲养管理的原则和标准实施,饲料从采购、采集、加工调制到饲料保存、利用等各个环节,要加强质量和卫生检查与控制。严禁饲喂发霉、腐败、变质、冰冻饲料,保证饮水清洁而不被污染。

常见的中毒病主要有药物中毒、饲料中毒、霉变饲料中毒和有毒植物中毒、农药中毒和灭鼠药中毒等。

九、细心观察兔群,及时发现疾病,及时诊治或扑灭

兔子抗病力差,一旦发病,如不能及时发现和治疗,病情往往在很短时间内恶化,引起死亡或传染给同群其他个体,造成很大的经济损失。因此,养兔生产中,饲养管理人员要和兽医人员密切配合,结合日常饲养管理工作,注意细心观察兔的行为变化,并进行必要的检查,发现异常,及时诊断和治疗,以减少不必要的损失或将损失降低至最小程度。

第三节 兔主要疾病的防治技术

一、兔病毒性出血症

兔病毒性出血症俗称兔瘟、兔出血症,于1984年在我国江苏省首次暴发,波及世界各地。本病是由兔病毒性出血症病毒(引起肉兔的一种急性、高度致死性传染病),对养兔生产危害极大。本病的特征为生前体温升高,死后呈明显的全身性出血和实质器官变性、坏死。

2010年,法国出现一种与传统兔瘟病毒在抗原形态和遗传特性方面

存在差异的兔瘟2型病毒，被命名为2型兔瘟。2020年4月该病型在我国四川首次被发现，死亡率达73.3%。

【病原】兔出血性病毒（RHDV），属杯状病毒，具有独特的形态结构（图9-1）。该病毒具有凝集红细胞的能力，特别是人的O型红细胞。

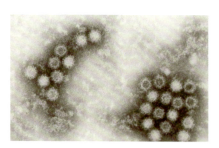

图9-1　兔出血症病毒颗粒的形态（×200000）（刘胜旺）

2010年在法国出现的一种新的兔出血症病毒变体，被命名为RHDV2。

【流行特点】本病自然感染只发生于兔，其他畜禽不会染病。各类型兔中以毛用兔最为易感，獭兔、肉兔次之。同龄公母兔的易感性无明显差异。但不同年龄肉兔的易感性差异很大。青年兔和成年兔的发病率较高，但近年来，断奶幼兔发病病例也呈增加的趋势。仔兔一般不发病。一年四季均可发生，但春、秋两季更易流行。病兔、死兔和隐性传染兔为主要传染源，呼吸道、消化道、伤口和黏膜为主要传染途径。此外，新疫区比老疫区病兔死亡率高。

与传统兔瘟相比，RHDV2感染宿主范围更广，包括肉兔和欧洲野兔（*Cape Hares*品种），跨物种感染。发病死亡年龄较小，未断奶的仔兔亦发生。死亡率达5%～70%。

【典型临床症状与病理剖检变化】传统兔病毒性出血症主要临床症状、剖检变化：最急性病例突然抽搐尖叫几声后猝死，有的嘴内吃着草而突然死亡。急性病例体温升到41℃以上，精神萎靡，不喜动，食欲减退或废绝，饮水增多，病程12～48小时，死前表现呼吸急促，兴奋，挣扎，狂奔，啃咬兔笼，全身颤抖，体温突然下降。有的尖叫几声后死亡。有的鼻孔流出泡沫状血液，有的口腔或耳内流出红色泡沫样液体（图9-2、图9-3）。肛门松弛，周围被少量淡黄色或淡黄色胶冻样物玷污（图9-4）。慢性的少数可耐过、康复。

剖检见气管内充满血液样泡沫，黏膜出血，呈明显的气管环（图9-5）。肺充血、有点状出血（图9-6）。胸腺、心外膜、胃浆膜、肾、淋巴结、肠浆膜等组织器官均明显出血，实质器官变性（图9-7～图9-13）。脾瘀血肿大（图9-14）。肝肿大、有出血点、有的呈花白状，胆囊充盈（图9-15、

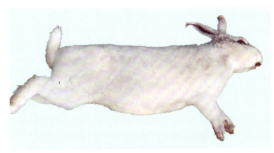

图9-2 尸体不显消瘦、四肢僵直,鼻腔流出血样液体(任克良)

图9-3 鼻腔内流出血样、泡沫样液体(任克良)

图9-4 病兔排出黏液性粪便(任克良)

图9-5 气管内充满血液样泡沫(任克良)

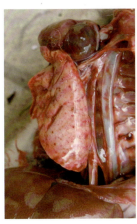

图9-6 肺上有鲜红的出血斑点(任克良)

图9-7 胸腺水肿有大量的出血斑点(任克良)

图9-16)。膀胱积尿,充满黄褐色尿液(图9-17)。脑膜血管充血怒张并有出血斑点。组织检查,肺、肾等器官发现微血管形成,肝肾等实质器官细胞明显坏死。

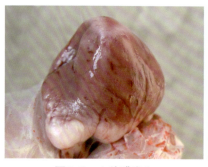

图9-8　心外膜出血
（任克良）

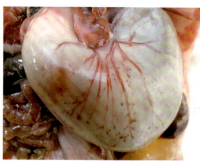

图9-9　胃浆膜散在大量出血点
（任克良）

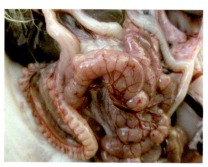

图9-10　小肠浆膜出血（任克良）

图9-11　盲肠浆膜出血（任克良）

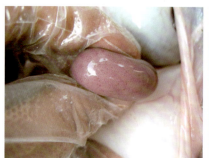

图9-12　肾点状出血
（任克良）

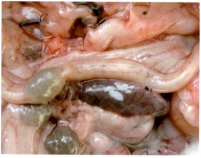

图9-13　直肠浆膜有出血斑点
（任克良）

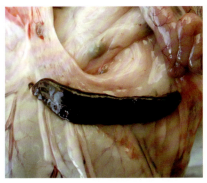
图9-14 脾瘀血肿大，呈黑紫色（任克良）

图9-15 胆囊胀大，充满胆汁，肝脏变性色黄（任克良）

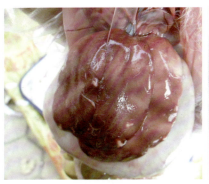
图9-16 花白肝，有出血点（任克良）

图9-17 膀胱内充满尿液（任克良）

【诊断要点】（1）青年兔与成年兔的发病率、死亡率高。月龄越小发病越少，仔兔一般不感染。一年四季均可发生，多流行于春、秋季；（2）主要呈全身败血性变化，以多发性出血最为明显；（3）确诊需做病毒检查鉴定、血凝试验和血凝抑制试验。RHDV2的确诊须作RT-PCR以及荧光定量RT-PCR试验。

RHDV2的主要临床症状、剖检变化：RHDV2较多地出现亚急性或慢性感染。多数出现黄疸，特别见皮下。剖检以实质器官出血、瘀血为主要特征。尸检见心脏、气管、胸腺、肺、肝脏、肾脏和肠道等多处有出血现象。常见胸腔和腹腔有丰富的血液样渗出物、凝集成块，肝脏肿大、灰白或变黄，并伴有黄疸，肺脏出血，气管充血、出血，小肠肠道绒毛有局灶性坏死，膀胱充盈、积尿（图9-18～图9-20）。

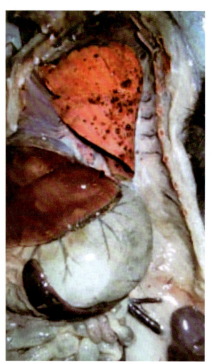

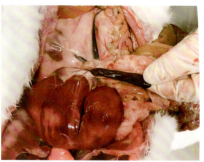

图9-19 肝脏肿大,变黄;脾脏肿大;膀胱积尿(王芳等,兔病图鉴)

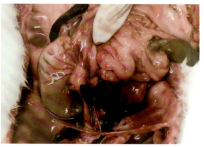

图9-18 肺有大量出血斑点（Margarida Duart等）

图9-20 腹腔出血,凝集成块（王芳等,兔病图鉴）

【预防】(1) 定期免疫接种。定期注射兔瘟疫苗。35日龄用兔瘟单联苗或瘟-巴二联苗,每只皮下注射2毫升。60～65日龄时加强免疫一次,皮下注射1毫升。以后每隔5.5～6个月注射1次。

(2) 禁止从疫区购兔。

(3) 严禁收购肉兔、兔毛、兔皮等的商贩进入兔群。

(4) 做好病死兔的无害处理。病死兔要深埋或焚烧,不得乱扔。使用的一切用具、排泄物均需经1%氢氧化钠溶液消毒。

兔瘟2型2020年4月在我国四川首次发生,鉴于本病用传统的兔瘟疫苗防控效果差的特点,因此,做好本病型的防控工作尤为重要,同时开展研制2型兔瘟疫苗迫在眉睫。

【临床用药指南】目前本病无特效治疗药物。若兔群发生兔瘟,可采取下列措施。

[方1] 抗兔瘟高免血清：一般在发病后尚未出现高热症状时使用。方法：用4毫升高免血清，1次皮下注射即可。在注射血清后7～10天，仍需再及时注射兔瘟疫苗。

[方2] 紧急注射兔瘟疫苗：若无高免血清，应对未表现临诊症状兔进行兔瘟疫苗紧急接种，剂量4～5倍，一兔用一针头。但注射后短期内兔群死亡率可能会升高。

目前兔瘟流行趋于低龄化，病理变化趋于非典型化，多数病例仅见肺、胸腺、肾等脏器有出血斑点，其他脏器病变不明显。

目前，国外目前暂没有RHDV2相关疫苗，意大利、法国等已经开展了RHDV2灭活疫苗的研制，我国也将开始研发，目前尚未相关疫苗产品上市。据实践经验，用常用兔瘟疫苗，加大剂量，对2型兔瘟有一定的预防效果。

二、巴氏杆菌病

巴氏杆菌病是肉兔的一种常见传染病，病原为多杀性巴氏杆菌，临诊病型多样。

【病原】多杀性巴氏杆菌为革兰阴性菌，两端钝圆、细小，呈卵圆形的短杆状。菌体两端着色深，但培养物涂片染色，两极着色则不够明显。

【流行特点】多发生于春、秋两季，常呈散发或地方性流行。多数肉兔鼻腔黏膜带有巴氏杆菌，但不表现临床症状。当各种因素（如长途运输、过分拥挤、饲养管理不良、空气质量不良、气温突变、疾病等）应激作用下，机体抵抗力下降，存在于上呼吸道黏膜以及扁桃体内的巴氏杆菌则大量繁殖，侵入下部呼吸道，引起肺脏病变，或由于毒力增强而引起本病的发生。呼吸道、消化道或皮肤、黏膜伤口为主要传染途径。

【典型临床症状与病理剖检变化】临诊病型多种多样，现主要介绍败血型、肺炎型和生殖系统感染型，此外还有中耳炎型、结膜炎型和脓肿型等。

（1）败血型　急性时精神萎靡，停食，呼吸急促，体温达41℃以上，鼻腔流出浆液、脓性鼻涕。死前体温下降，四肢抽搐。病程短的24小时内死亡，长的1～3天死亡。流行之初有不显症状而突然死亡的病例。剖检为全身性多个器官充血、瘀血、出血和坏死（图9-21、图9-22）。该型可单独发生或继发于其他任何一型巴氏杆菌病，但最多见于鼻炎型和肺炎型之后，可同时见到其他型的症状和病变（图9-23～图9-25）。

图9-21 浆液出血性鼻炎（陈怀涛）
注：鼻腔黏膜充血、出血、水肿，附有淡红色鼻液

图9-22 出血性肺炎（陈怀涛）
注：肺充血、水肿，有许多大小不等的出血斑点

图9-23 肝坏死点（陈怀涛）
注：肝表面散在大量灰黄色坏死点

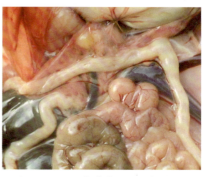

图9-24 肠浆膜出血（陈怀涛）
注：结肠和空肠浆膜散在较多出血斑点

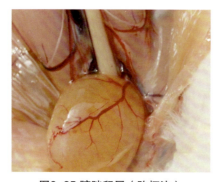

图9-25 膀胱积尿（陈怀涛）
注：膀胱积尿，血管怒张；直肠浆膜有出血点

（2）肺炎型 急性纤维素性化脓性肺炎和胸膜炎，并常导致败血症的结局。病初食欲不振，精神沉郁，主要症状为呼吸困难。多数病例当出现头向上仰、张口呼吸时则迅速死亡（图9-26、图9-28）。剖检见肺实变、纤维素性肺炎、化脓性肺炎和坏死性肺炎以及纤维素性胸膜炎、胸腔积脓、心包膜有出血点（图9-27，图9-29～9-33）。

图9-26 鼻腔有黏性分泌物,呼吸困难（任克良）

图9-27 剖检上图病兔,可见胸腔内积有大量白色脓汁（任克良）

图9-28 患兔呼吸困难,流鼻涕,伴有结膜炎（任克良）

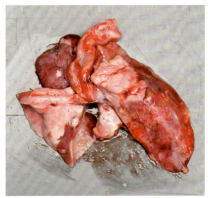

图9-29 上图中患兔剖检后,见肺脏大面积红色肝变（任克良）

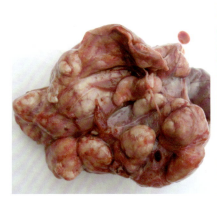

图9-30 化脓性肺炎（任克良）

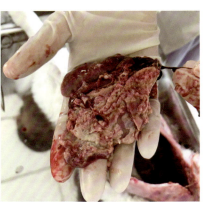

图9-31 纤维素性肺炎（任克良）

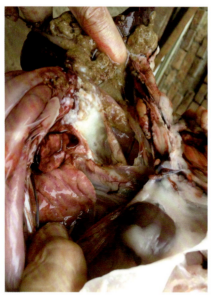

图9-32 胸腔内充满白色脓汁
（任克良）

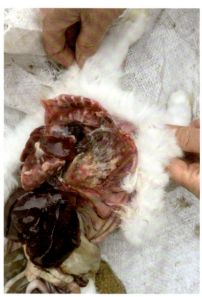

图9-33 纤维素性胸膜炎
（任克良）

（3）生殖系统感染型 母兔感染时可无明显症状，或表现为不孕并有黏液性脓性分泌物从阴道流出（图9-34）。子宫扩张，黏膜充血，内有脓性渗出物（图9-35）。公兔感染初期附睾出现病变，随后一侧或两侧的睾丸肿大，质地坚实，有的发生脓肿（图9-36），有的阴茎有脓肿（图9-37）。

图9-34 阴道内流出白色脓液
（任克良）

图9-35 子宫角、输卵管积聚大量脓液而增粗（任克良）

图9-36 睾丸明显肿大,质地坚实
(任克良)

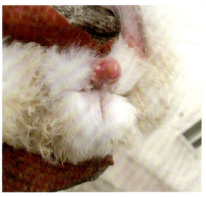

图9-37 阴茎上有小脓肿
(任克良)

【诊断要点】春、秋季多发,呈散发或地方性流行。除精神委顿、不食与呼吸急促外,据不同病型的症状、病理变化可作出初步诊断,但确诊需做细菌学检查。

【预防】

(1)建立无多杀性巴氏杆菌种群。

(2)做好兔舍通风换气、消毒工作。定期消毒兔舍,适当降低饲养密度,保障饮水系统正常运行不滴漏,及时清除粪尿,降低兔舍湿度,做好通风换气工作(尤其是寒冷季节)。

(3)及时淘汰兔群中带菌者。对兔群经常进行临诊检查,将流鼻涕、鼻毛潮湿蓬乱、中耳炎、结膜炎的兔子及时拣出,隔离饲养、治疗。

(4)定期注射兔巴氏杆菌灭活菌苗。每年3次,每次每只皮下注射1毫升。

【临床用药指南】

[方1] 青霉素、链霉素:联合注射,青霉素2万~4万单位/千克体重、链霉素20毫克/千克体重,混合一次肌内注射,每天2次,连用3天。

[方2] 磺胺二甲嘧啶:内服,首次量0.2克/千克体重,维持量为0.1克,每天2次,连用3~5天。用药同时应注意配合等量的碳酸氢钠。

[方3] 恩诺沙星:100毫克/升饮水,连续7~14天;或5~10毫克/千克体重,口服或肌内注射,每天2次,连续7~14天,对上呼吸道巴氏杆菌感染有一定效果。

[方4]庆大霉素：肌内注射，2万单位/千克体重，每天2次，连续5天为一个疗程。

[方5]氟哌酸：肌内注射，每天2次，0.5～1毫升/次，连续5天为一个疗程。

[方6]卡那霉素：肌内注射，10～15毫克/千克体重，每天2次，连用3～5天。

[方7]环丙沙星：肌内注射，每只0.5毫升，每天1次，连用3天。

[方8]替米考星：25毫克/千克体重，皮下注射。

[方9]抗巴氏杆菌高免血清：皮下注射，高免血清6毫升/千克体重，8～10小时再重复注射1次。

三、支气管败血波氏杆菌病

支气管败血波氏杆菌病是由支气管败血波氏杆菌引起肉兔的一种呼吸器官传染病，其特征为鼻炎和支气管肺炎，前者常呈地方性流行，后者则多是散发性。

【病原】支气管败血波氏杆菌，为一种细小杆菌，革兰氏染色阴性，常呈两极染色，是肉兔上呼吸道的常在性寄生菌。

【流行特点】本病多发于气候多变的春、秋季，冬季兔舍通风不良时也易流行。传染途径主要是呼吸道。病兔打喷嚏和咳嗽时病菌污染环境，并通过空气直接传染给相邻的健康兔，当兔子患感冒、寄生虫等疾病时，均易诱发本病。本病常与巴氏杆菌病、李氏杆菌病等并发。

【典型临床症状与病理剖检变化】鼻炎型：较为常见，多与巴氏杆菌混合感染，鼻腔流出浆液或黏液性分泌物（通常不呈脓性）（图9-38）。病程短，易康复。

支气管肺炎型：鼻腔流出黏性至脓性分泌物，鼻炎长期不愈，病兔精神沉郁，食欲不振，逐渐消瘦，呼吸加快。成年兔多为慢性，幼兔和青年兔常呈急性。剖检时，如为支气管肺炎型，支气管腔可见混有泡沫的黏脓性分泌物，肺有大小不等、数量不一的脓疱，肝、肾等器官也可见或大或小的脓疱（图9-39～图9-45）。

【诊断要点】（1）有明显鼻炎、支气管肺炎症状；（2）有特征性的化脓性支气管肺炎和肺脓疱等病变；（3）病原菌分离鉴定。

图9-38 鼻腔流出黏液性鼻液（任克良）

图9-39 肺上连接有一个约鸡蛋大小的脓疱（任克良）

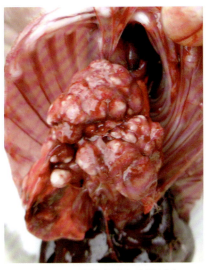

图9-40 肺的表面和实质见大量脓疱（任克良）

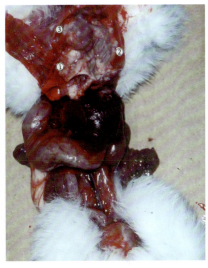

图9-41 胸腔与心包腔积脓（任克良）

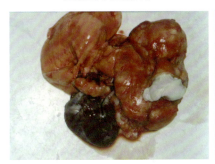

图9-42 肺上的一个脓疱已切开，流出白色乳油状脓液（任克良）

图9-43 肝上组织中密布许多较小的脓疱（王永坤）

图9-44 两个睾丸中均有一些大小不等的脓疱（王永坤）

图9-45 肾组织可见大小不等的脓疱（任克良）

【预防】

（1）保持兔舍清洁和通风良好。

（2）及时检出、治疗或淘汰有呼吸道症状的病兔。

（3）定期注射兔波氏杆菌灭活苗。每只皮下注射1毫升，免疫期6个月，每年注射2次。

【临床用药指南】

[方1] 庆大霉素：每只每次1万～2万单位，肌内注射，每天2次。

[方2] 卡那霉素：每只每次1万～2万单位，肌内注射，每天2次。

[方3] 链霉素：20毫克/千克体重，肌内注射，每天2次，连用4天。

[方4] 恩诺沙星：肌内注射，5～10毫克/千克体重，每天1～2次，连用2～3天。

[方5] 四环素：肌内注射，1万～2万国际单位/只，每天2次。

[方6] 酞酰磺胺噻唑：内服，0.2～0.3克/千克体重，每天2次。

治疗本病停药后易复发，内脏脓疱的病例治疗效果不明显，应及时淘汰。

四、魏氏梭菌病

兔魏氏梭菌病又称兔梭菌性肠炎，主要是由A型魏氏梭菌等及其所产生的外毒素引起的一种死亡率极高的致死性肠毒血症。以泻出大量水样粪便，导致迅速死亡为特征。是目前为害养兔业的主要疾病之一。

【病原】主要为A型魏氏梭菌（图9-46），少数为E型魏氏梭菌。本菌属条件性致病菌，革兰氏染色阳性，厌氧条件下生长繁殖良好。可产生多种毒素。

【流行特点】不同年龄、品种、性别的肉兔对本病均易感染。一年四季均可发生，但以冬春两季发病率最高。各种应激因素均可诱发本病，如长途运输、青料和粗料短缺、饲料配方突然更换（尤其从低能量、低蛋白向高能量、高蛋白饲粮更换）、长期饲喂抗生素、气候骤变等。消化道是主要传播途径。

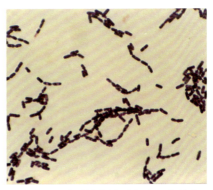

图9-46　魏氏梭菌的形态（王永坤）

注：纯培养物中魏氏梭菌的形态，呈革兰氏阳性大肠杆菌，芽孢位于菌体中央，呈卵圆形

【典型临床症状与病理剖检变化】急性腹泻。粪便有特殊腥臭味，呈黑褐色或黄绿色，污染肛门等部位（图9-47～图9-49）。轻摇兔体可听到"咣、咣"的拍水声。有水泻的病兔多于当天或次日死亡。流行期间也可见无下痢症状即迅速死亡的病例。胃多胀满，黏膜脱落，有出血斑点和溃疡（图9-50～图9-53）。小肠壁充血、出血，肠腔充满含气泡的稀薄内容物（图9-54）。盲肠黏膜有条纹状出血，内容物呈黑色或黑褐色水样（图9-55、图9-56）。心脏表面血管怒张呈树枝状充血（图9-57）。有的膀胱积有茶色或蓝色尿液（图9-58）。

图9-47　幼兔尾部、腹部沾有水样粪便（任克良）

图9-48　腹部膨大、水样粪便污染肛门周围及尾部（成年兔）（任克良）

图9-49 腹部、肛门周围和后肢被毛被水样稀粪或黄绿色粪便玷污(任克良)

图9-50 胃内充满食物,黏膜脱落(任克良)

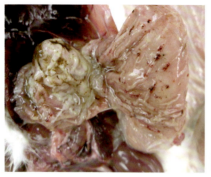

图9-51 胃黏膜脱落,有大量出血斑点(任克良)

图9-52 胃黏膜有许多浅表性溃疡(任克良)

图9-53 通过胃浆膜可见到胃黏膜有大小不等的黑色溃疡斑点(任克良)

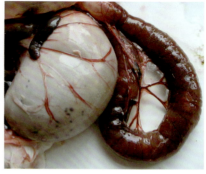

图9-54 小肠壁瘀血、出血,肠腔充满气体和稀薄内容物(任克良)

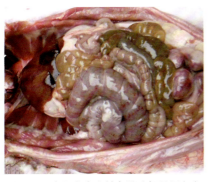
图9-55 盲肠有出血性条纹（怀孕母兔）（任克良）

图9-56 盲肠浆膜出血，呈横向红色条带形（任克良）

图9-57 心脏表面血管怒张，呈树枝状充血（任克良）

图9-58 膀胱积尿，尿液呈蓝色（任克良）

【诊断要点】（1）发病不分年龄，以1～3月龄幼兔多发，饲料配方、气候突变、长期饲喂抗生素等多种应激因素均可诱发本病；（2）急性腹泻后迅速死亡，粪便稀，恶臭，常带血液，通常体温不高；（3）胃与盲肠有出血、溃疡等特征病变；（4）抗生素治疗无效；（5）病原菌及其毒素检测。

【预防】

（1）加强饲养管理。饲粮中应有足够的木质素（≥5%），变化饲料逐步进行，减少各种应激因素（如转群、更换饲养人员等）的发生。

（2）规范用药。治疗疾病时要注意抗生素种类、剂量和时间。禁止口服使用如林可霉素、克林霉素、阿莫西林、氨苄西林等抗生素。

（3）预防接种。兔群定期皮下注射A型魏氏梭菌灭活苗，每年2次，每次2毫升。据报道，给4周龄的兔子接种疫苗，效果很好，两周后进行第二次接种，效果更好。

【临床用药指南】本病治疗效果差。发生本病后，及时隔离病兔，对患兔兔笼及周围环境进行彻底消毒。在饲料中增加粗饲料比例或增加饲喂青干草的同时，须采取以下措施。

［方1］魏氏梭菌疫苗：对无临床症状的兔紧急注射魏氏梭菌疫苗，剂量加倍。

［方2］A型魏氏梭菌高免血清：按2～3毫升/千克体重，皮下、肌内或静脉注射。

［方3］二甲基三哒唑：每千克饲料添加500毫克，效果可靠。

［方4］金霉素：肌内注射，20～40毫克/千克体重，每天2次，连用3天。也可用金霉素22毫克拌入1千克饲料中喂兔，连喂5天，可预防本病。

［方5］红霉素：肌内注射，20～30毫克/千克体重，每天2次，连用3天。

［方6］甲硝唑＋考来烯胺：按照说明用药。甲硝唑用以杀死厌氧菌，考来烯胺用来吸收肠毒素。

在使用抗生素的同时，也可在饲料中加入活性炭、维生素B_2等辅助药物。

以上方法的基础上，配合对症治疗，如腹腔注射5%葡萄糖生理盐水进行补液，口服食母生（每只5～8克）和胃蛋白酶（每只1～2克），疗效更好。

上述治疗对初期效果较好，后期无效。

五、大肠杆菌病

兔大肠杆菌病是由一定血清型的致病性大肠杆菌及其毒素引起的一种暴发性、死亡率很高的仔兔、幼兔肠道传染病。本病的特征为水样或胶冻样粪便及脱水。是断奶前后肉兔致死的主要疾病之一。

【病原】埃希氏大肠杆菌，为革兰氏阴性菌，呈椭圆形。引起仔兔大肠杆菌病的主要血清型有O_{128}、O_{85}、O_{88}、O_{119}、O_{18}和O_{26}等。

【流行特点】本病一年四季均可发生，主要侵害初生和断奶前后的仔兔、幼兔，成年兔发病率低。正常情况下，大肠杆菌不会出现在肉兔的肠道微生物区系，或者只有少量的存在。当某些情况下，如饲养管理不良（如饲料配方突然变换、饲喂量突然增加、采食大量冷冻饲料和多汁饲料、断奶方式不当等），气候突变等应激因素时，肠道正常菌群活动受到破坏，致病性大肠杆菌数量急剧增加，其产生的毒素大量积累，引起腹泻。兔群一旦发生本病，常因场地、兔笼的污染而引起大流行，造成仔兔、幼兔大量死亡。第一胎仔兔发病率和死亡率较高，其他细菌（如魏氏梭菌、沙门杆菌）、轮状病毒、球虫病等也可诱发本病。

【典型临床症状与病理剖检变化】以下痢、流涎为主。最急性的未见任何症状突然死亡，急性的1～2天内死亡，亚急性的7～8天死亡。体温正常或稍低，待在笼中一角，四肢发冷，发出磨牙声（可能是疼痛所致），精神沉郁，被毛粗乱，腹部膨胀（因肠道充满气体和液体）。病初有黄色明胶样黏液和附着有该黏液的干粪排出（图9-59、图9-60）。有时带黏液粪球与正常粪球交替排出，随后出现黄色水样稀粪或白色泡沫（图9-61）。主要病理变化为胃肠炎，小肠内含有较多气体和淡黄色黏液，大肠内有黏液样分泌物，也可见其他病变（图9-62～图9-69）。

图9-59　患兔排出大量淡黄色明胶样黏液和干粪球（任克良）

图9-60　排出黄色胶冻样黏液（任克良）

图9-61　流行期，用手挤压肛门仅排出白色泡沫状粪便（任克良）

【诊断要点】(1) 有饲料配方改变、变化笼位、气候突变、饲养人员变更等应激史；(2) 断奶前后仔兔、幼兔多发，同笼仔兔、幼兔相继发生；(3) 从肛门排出黏胶状物；(4) 有明显的黏液性肠炎病变；(5) 病原菌及其毒素检测。

【预防】

(1) 减少各种应激。仔兔断奶前后不能突然改变饲料，提倡原笼原窝饲养，饲喂要遵循"定时、定量、定质原则"，春、秋季要注意保持兔舍温度的相对恒定。

(2) 注射疫苗。20～25日龄仔兔皮下注射大肠杆菌灭活苗。用本场分离的大肠杆菌制成的菌苗预防注射，效果确切。

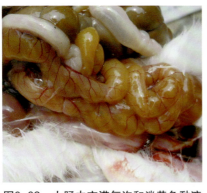

图9-62 小肠内充满气泡和淡黄色黏液（任克良）

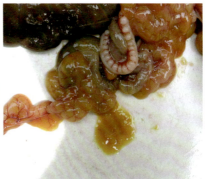

图9-63 肠腔内黏液呈淡黄色（任克良）

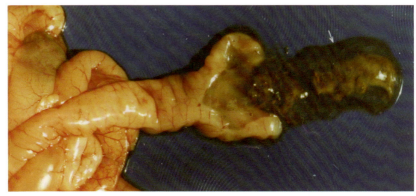

图9-64 结肠剖开时有大量胶冻样物流出，粪便被胶冻样物包裹（陈怀涛）

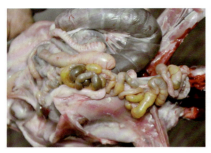

图9-65 肠道病变内充满泡沫及淡黄色黏液，盲肠壁有出血点（任克良）

图9-66 盲肠黏膜水肿、充血（成年兔）（任克良）

图9-67 盲肠黏膜水肿，色暗红，附有黏液（成年兔）（任克良）

图9-68 胃臌气、膨大，小肠内充满半透明黄绿色胶冻样物（哺乳仔兔）（任克良）

【临床用药指南】在用药前最好先对从病兔分离到的大肠杆菌做药敏试验，选择较敏感的药物进行治疗。

［方1］庆大霉素：每兔1万～2万单位，肌内注射，每天2次，连用3～5天；也可在饮水中添加庆大霉素。

［方2］5%诺氟沙星：肌内注射，0.5毫升/千克体重，每天2次。

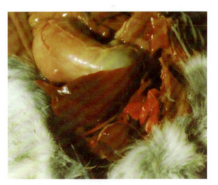

图9-69 肝表面可见黄白色小点状坏死灶（陈怀涛）

［方3］硫酸卡那霉素：肌内注射，25万单位/千克体重，每天2次。

［方4］痢特灵：内服，15毫克/千克体重，每天3次，连用4～5天。

[方5] 磺胺脒100毫克/千克体重、痢特灵15毫克/千克体重、酵母片1片，混合口服，每天3次，连用4～5天。

抗生素用药后，可使用促菌生菌液。每只2毫升（约10亿活菌）口服，每天1次，连用3次。

对症治疗。可在皮下或腹腔注射葡萄糖生理盐水或口服生理盐水等，以防脱水。

六、葡萄球菌病

兔葡萄球菌病是由金黄色葡萄球菌引起的常见传染病。其特征为身体各器官脓肿形成或发生致死性脓毒败血症。

【病原】金黄色葡萄球菌在自然界分布广泛，为革兰氏染色阳性，能产生高效价的8种毒素。肉兔对本菌特别敏感。

【流行特点】肉兔是对金黄色葡萄球菌最敏感的一种动物。通过各种不同途径都可能发生感染，尤其是皮肤、黏膜的损伤，哺乳母兔的乳头口是葡萄球菌进入机体的重要门户。通过飞沫经上呼吸道感染时，可引起上呼吸道炎症和鼻炎。通过表皮擦伤或毛囊、汗腺而引起皮肤感染时，可发生局部炎症，并可导致转移性脓毒血症。通过哺乳母兔的乳头口以及乳房损伤感染时，可患乳腺炎。仔兔吮吸了含本菌的乳汁、产箱污染物等，均可患黄尿病、败血症等。

【典型临床症状与病理剖检变化】常表现为以下几种病型。

（1）脓肿 原发性脓肿多位于皮下或某一内脏（图9-70～图9-75），手摸时兔有痛感，稍硬，有弹性，以后逐渐增大变软。脓肿破溃后流出脓稠、乳白色的脓液。一般患兔精神、食欲正常。以后可引起脓毒血症，并在多脏器发生转移性脓肿或化脓性炎症。

图9-70 颜部脓肿（任克良）

图9-71 右前肢外侧脓肿（任克良）

图9-72 下唇部脓肿（任克良）

图9-73 注射疫苗消毒不严导致的颈部脓肿（任克良）

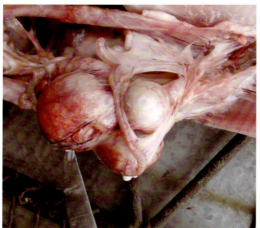
图9-74 腹腔内有数个大小不等的脓肿，内有白色乳油状脓液（任克良）

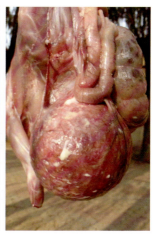
图9-75 腹腔10厘米左右大的脓肿（任克良）

（2）仔兔脓毒败血症 出生后2～3天皮肤发生粟粒大白色脓疱（图9-76、图9-77）。多由于垫草粗糙，刺伤了皮肤。脓汁呈乳白色乳油状，多数在2～5天以败血症死亡。剖检时肺脏和心脏也常见许多白色小脓疱。

（3）乳腺炎 产后5～20天的母兔多发。急性病例，乳房肿胀、发热，色红有痛感。乳汁中混有脓液和血液。慢性时，乳房局部形成大小不一的硬块，之后发生化脓，脓肿也可破溃流出脓汁（图9-78、图9-79）。

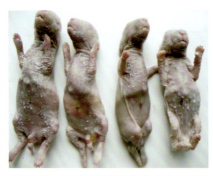

图9-76 皮肤上散在许多粟粒大的小脓疱
（任克良）

图9-77 有白色脓汁
（任克良）

图9-78 化脓性乳腺炎（1）
（任克良）

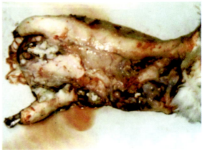

图9-79 化脓性乳腺炎（2）
（任克良）

注：乳腺区切面见许多大小不等的脓肿，脓液呈白色乳油状

（4）仔兔急性肠炎（黄尿病） 仔兔食入患乳腺炎母兔的乳汁或产箱垫料被污染引起。一般全窝发生，病仔兔肛门四周和后肢被黄色稀粪污染（图9-80、图9-81），仔兔昏睡，不食，死亡率高。剖检可见出血性胃肠炎病变（图9-82、图9-83）。膀胱极度扩张并充满尿液，氨臭味极浓（图9-84）。

图9-80 急性肠炎病兔症状（任克良）

注：同窝仔兔同时发病，仔兔后肢被黄色稀便污染

图9-81 仔兔急性肠炎（任克良）

注：肛门四周和后肢被毛被稀粪污染

图9-82 出血性肠胃炎（任克良）

注：胃内充满食物（乳汁），浆膜出血，小肠壁瘀血色红

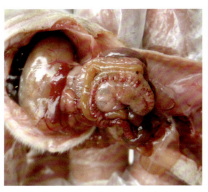

图9-83 肠浆膜出血（任克良）

注：肠浆膜有大量出血点，小肠内充满淡黄色黏液

图9-84 膀胱积尿（陈怀涛）

注：膀胱扩张，充满淡黄色尿液

（5）足皮炎、脚皮炎 足皮炎的病变部大小不一，多位于足底部后肢跖趾区的跖侧面（图9-85），偶见于前肢掌趾区的跖侧面，该病型极易因败血症迅速死亡，致死率较高。脚皮炎在足底部。病变部皮肤脱毛、红肿，之后形成脓肿、破溃，最终形成大小不一的溃疡面（图9-86）。病兔小心换脚休息，跛行，甚至出现跷腿、拱背等症状。

【诊断要点】根据皮肤、乳腺和内脏器官的脓肿及腹泻等症状与病变可怀疑本病，确诊应进行病原菌分离鉴定。

 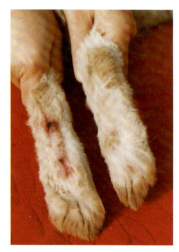

图9-85 脓肿（任克良）　　　　图9-86 化脓性脚皮炎（陈怀涛）
注：蹠股部脓肿，浓汁呈乳白色　　注：一只脚掌皮肤充血、出血，局部化脓破溃

【预防】

（1）防止兔体外伤。清除兔笼内一切锋利的物品；产箱内垫草要柔软、清洁；兔体受外伤时要及时作消毒处理；注射疫苗部位要作消毒处理。

（2）科学饲喂。产仔前后的母兔适当减少饲喂量和多汁饲料供给量。

（3）免疫接种。发病率高的兔群要定期注射葡萄球菌菌苗，每年2次，每次皮下注射1毫升。

【临床用药指南】

（1）局部治疗。局部脓肿与溃疡按常规外科处理，涂擦5%龙胆紫酒精溶液，或3%～5%碘酒、3%结晶紫石炭酸溶液、青霉素软膏、红霉素软膏等药物。

（2）全身治疗。新青霉素Ⅱ，10～15毫克/千克体重，肌内注射，每天2次，连用4天。也可用四环素、磺胺类药物治疗。

足皮炎治疗不及时极易因败血病迅速死亡。

七、球虫病

球虫病由艾美尔属的多种球虫引起的一种对幼兔危害极其严重的原虫病。其特征为腹泻、消瘦及球虫性肝炎和肠炎。该病被我国定为二类动物疫病。

【病原及发育史】侵害肉兔的球虫约有10种。除斯氏艾美尔球虫寄生于肝脏胆管上皮细胞外，其他种类的球虫均寄生于肠上皮细胞。不同球虫形态各异（图9-87）。

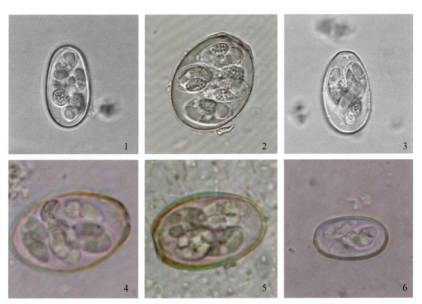

图9-87　常见兔艾美耳球虫形态

1—中型艾美耳球虫（秦梅，汪运舟，索勋）；2—大型艾美耳球虫（秦梅，汪运舟，索勋）；3—斯氏艾美耳球虫（激光共聚焦显微镜拍摄，放大倍数63×10）（秦梅，汪运舟，索勋）；4—肠艾美耳球虫（崔平，索勋）；5—黄艾美耳球虫；6—穿孔艾美耳球虫（光学显微镜拍摄，放大倍数40×10）（崔平，索勋）

球虫发育史分为三个阶段：（1）无性繁殖阶段：球虫寄生部位（上皮细胞内）以裂殖法进行增殖。（2）有性繁殖阶段：以配子生殖法形成雌性细胞（大配子）和雄性细胞（小配子），雌雄细胞融合成合子。这一阶段也在宿主上皮细胞内完成。（3）孢子生殖阶段：合子变为卵囊，卵囊内原生质团分裂为孢子囊和子孢子。该阶段在外界环境中完成。

【流行特点】兔是兔球虫病的唯一自然宿主。本病一般在温暖多雨季节流行，在南方早春及梅雨季节高发，北方一般在7～8月呈地方性流行。所有品种的肉兔对本病都有易感性。成年兔受球虫的感染强度较低，因有免疫力，一般都能耐过。断奶至5月龄的兔最易感染。其感染率可达100%，患病后幼兔的死亡率也很高，可达80%左右。耐过的兔长期不能康复，生长发育受到严重影响，一般可减轻体重14%～27%。

成年兔、兔笼和鼠类等在球虫病的流行中起着很大作用。球虫卵囊对化学药品和低温的抵抗力很强，但在干燥和高温条件下很容易死亡，如在80℃热水中10秒钟死亡，在沸水中立即死亡。紫外线对各发育阶段的球虫均有较强的杀灭作用。

【典型临床症状】根据病程长短和强度可分为最急性型（病程3～6天，肉兔常死亡）、急性型（病程1～3周）和慢性型（病程1～3月龄）。

根据发病部位可分为肝型、肠型和混合型3种类型。肝型球虫病的潜伏期为18～21天，肠型球虫病的潜伏期依寄生虫种类不同一般在5～11天，多呈急性。除人工感染外，生产实践中球虫病往往是混合型。

病初食欲降低，随后废绝，伏卧不动（图9-88），精神沉郁，两眼无神，眼鼻分泌物增多，贫血，下痢，幼兔生长停滞。有时腹泻或腹泻与便秘交替出现（图9-89）。病兔因肠臌气，肠壁增厚，膀胱积尿，肝脏肿大而出现腹围增大，手叩似鼓。肉兔患肝球虫病时，肝区触诊疼痛；肝脏严重损害时，结膜苍白，有时黄染。病至末期，幼兔出现神经症状，四肢痉挛，头向后仰，有时麻痹，终因衰竭而死亡（图9-90）。

【病理剖检变化】

（1）肝脏变化：肝实质部的结节的演化过程为，疾病早期，结节是分散的，其中为乳样内容物；疾病后期结节会相互融合，其中为奶酪样内容物。

剖检可见肝肿大，表面有粟粒至豌豆大的圆形白色或淡黄色结节病灶（图9-91、图9-92），沿小胆管分布。切面胆管壁增厚，管腔内有浓稠的液体或有坚硬的矿物质。胆囊肿大，胆汁浓稠、色暗。腹腔积液。急性期，病兔肝脏极度肿大。较正常肿大7倍。慢性肝球虫病，其胆管周围和肝小叶间部分结缔组织增生，肝细

图9-88 患兔精神沉郁，被毛蓬乱，食欲减退，伏地（任克良）

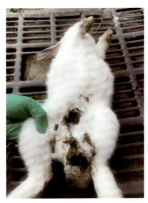

图9-89 腹泻（任克良）

图9-90 突然倒地，四肢抽搐，角弓反张，惨叫一声死亡（任克良）

图9-91 肝结节状病变（任克良）
注：肝表面有淡黄白色圆形结节，膀胱积尿

图9-92 球虫性肝炎（任克良）
注：肝脏上密布大小不等的淡黄色结节，胆囊充盈

胞萎缩（间质性肝炎），胆囊黏膜有卡他性炎症，胆汁浓稠，内含崩解的上皮细胞。镜检有时可发现大量的球虫卵囊。

（2）肠管变化：病变主要在十二指肠、空肠、回肠和盲肠等部位。可见肠壁血管充血，肠黏膜充血并有点状溢血（图9-93）。小肠内充满气体和大量黏液，有时肠黏膜覆盖微红色黏液（图9-94、图9-95）。

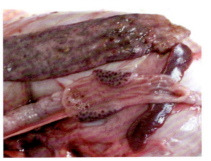

图9-93 肠道病变(1)（崔平、索勋）
注：肠壁血管充血，肠黏膜出血并有点状出血点

慢性病例，可见肠道增厚，肠黏膜呈淡灰色或发白，肠黏膜上有许多小而硬的白色结节（内含大量球虫卵囊）和小的化脓性、坏死病灶（图9-96、图9-97）。

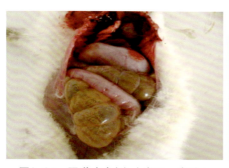

图9-94　肠道病变(2)（崔平、索勋）
注：小肠肠道充满气体和大量黏液

图9-95　结肠病变（汪运舟）
注：感染黄艾美耳球虫的肉兔结肠出血

图9-96　球虫性肠炎(1)
（董亚芳、王启明）
注：小肠黏膜呈淡灰色，有白色结节

图9-97　球虫性肠炎(2)（范国雄）
注：小肠壁散在大量灰白色球虫结节

【诊断要点】（1）温暖潮湿环境易发；（2）幼龄兔易感染发病，病死率高；（3）主要表现腹泻、消瘦、贫血等症状；（4）肝、肠特征的结节状病变；（5）检查粪便卵囊，或用肠黏膜、肝结节内容物及胆汁做涂片，检查卵囊、裂殖体与裂殖子等。具体方法：滴1滴50%甘油水溶液于载玻片上，取火柴头大小的新鲜兔粪，用竹签加以涂布，并剔去粪渣，盖上盖玻片，放在显微镜下用低倍镜（10×物镜）检查。饱和盐水漂浮法的操作方法：取新鲜兔粪5～10克放入量杯中，先加少量饱和盐水将兔粪捣烂混匀，再加饱和盐水到50毫升。将此粪液用双层纱布过滤，滤液静置15～30分钟，球虫卵即浮于液面，取浮液镜检。相对地，饱和盐水漂浮法检出率更高。

另外，还可在剖检后取肠道内容物、肠黏膜、结节等进行压片或涂片，用姬姆萨氏液染色，镜检如发现大量的裂殖体、裂殖子等各型虫体也可确诊（图9-98）。

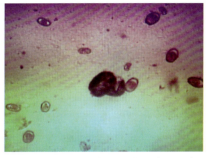

图9-98　小肠内检查到的兔球虫卵囊（任克良、王彩先）

【预防】

（1）实行笼养，大小兔分笼饲养，定期消毒，保持室内通风干燥。

（2）兔粪尿要堆积发酵，以杀灭粪中卵囊。病死兔要深埋或焚烧。兔青饲料地严禁用兔粪作肥料。

（3）定期进行药物预防。成年兔是兔群中传染源，因此要定期加药驱虫。幼兔是球虫病的高发阶段，须进行药物预防。常用的抗球虫药物有氯苯胍、地克珠利、妥曲珠利、磺胺类药物（磺胺喹噁啉、磺胺二甲嘧啶、磺胺对氧嘧啶、复方新诺明等）等。

［方1］氯苯胍：又名盐酸氯苯胍或双氯苯胍。按0.015%混饲，饲喂从采食至断奶后45天。氯苯胍有异味，可在兔肉中出现，因此，屠宰前1周应停喂。

［方2］地克珠利：也叫Diclazuril。饲料和饮水中按0.0001%添加。

［方3］妥曲珠利：又称甲基三嗪酮、百球清、Toltrazuril。按0.0015%饮水或饲料中添加，连喂21天。注意：若本地区饮水硬度极高和pH值低于8.5的地区，饮水中必须加入碳酸氢钠（小苏打）以使水的pH值调整到8.5～11。

【临床用药指南】治疗球虫病可参考下列方案。

［方1］氯苯胍：按0.03%混饲，用药1周后改为预防量。

［方2］地克珠利：加倍用药，连续用药7天，改为预防量。

［方3］妥曲珠利：每日饮用药物浓度为0.0025%的饮水，连喂2天，间隔5天，再用2天，即可完全控制球虫病。

注意事项：（1）及早用药。（2）轮换用药。一般一种药使用3～6个月改换其他药，但不能换为同一类型的药，如不能从一种磺胺药换成另一种磺胺药，以防产生抗药性。（3）应注意对症治疗。如补液、补充维生素K、维生素A等。（4）有些抗球虫药物禁用或慎用。肉兔禁用马杜拉霉素。慎用莫能菌素等。（5）注意休药期。参考不同药物休药期合理用药。

八、豆状囊尾蚴病

豆状囊尾蚴病是由豆状带绦虫——豆状囊尾蚴寄生于兔的肝脏、肠系膜和大网膜等所引起的疾病。养犬的兔场，该病的发生率高。

【病原】豆状带绦虫寄生于犬、狼、猫和狐狸等肉食兽的小肠内（图9-99），成熟绦虫排出含卵节片，兔食入污染有节片和虫卵的饲料后，六钩蚴便从卵中钻出，进入肠壁血管，随血流到达肝脏。在钻出肝膜，进入腹腔，在肠系膜、大网膜等处发育为豆状囊尾蚴。豆状囊尾蚴虫体呈囊泡状，大小10～18毫米，囊内含有透明液和一个头节，具成虫头节的特征（图9-100）。

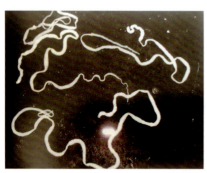

图9-99　兔豆状囊尾蚴病——豆状带绦虫
（杨光友）

图9-100　豆状囊尾蚴的形态
（任克良、李燕平）

注：豆状囊尾蚴呈小泡状，其中有一个白色头节

【流行特点】本病呈世界性分布。不同年龄的兔均可发生。因成虫寄生在犬、狐狸等肉食动物的小肠内，因此，凡饲养有犬的兔场，如果对犬管理不当，往往造成整个群体发病。

【典型临床症状与病理剖检变化】轻度感染一般无明显症状。大量感染时可导致肝炎和消化障碍等表现，如食欲减退，腹围增大，精神不振，嗜睡，逐渐消瘦，最后因体力衰竭而死亡。急性发作可引起突然死亡。剖检可见正在从肝脏中出来的虫体，出来的囊尾蚴一般寄生在肠系膜、大网膜、肝表面、膀胱等处浆膜，数量不等，状似小水泡或石榴籽（图9-101～图9-104）。虫体通过肝脏的迁移导致肝出现弯曲的通道，严重时导致肝炎、纤维化和坏疽等（图9-105、图9-106）。

【诊断要点】兔场饲养犬的兔群多发；生前仅以症状难以作出诊断，可用间接血凝反应检测诊断。剖检发现豆状囊尾蚴即可确诊。

【预防】

（1）做好兔场饲料卫生管理工作。

（2）兔场内禁止饲养犬、猫或对犬、猫定期进行驱虫。驱虫药物可用吡喹酮，根据说明用药。禁止用带虫的病死兔喂犬、猫等，以阻断病源。

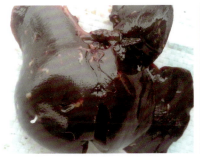

图9-101　有一囊尾蚴即将从肝脏中移行出来（任克良）

图9-102　刚从肝脏中出来的囊尾蚴（李燕平）

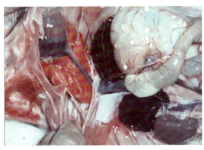

图9-103　胃浆膜面寄生的豆状囊尾蚴（任克良）

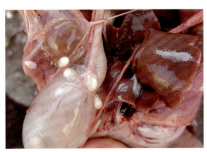

图9-104　膀胱浆膜上寄生的豆状囊尾蚴（任克良）

图9-105 已从肝脏中移行出来的囊尾蚴（任克良）

图9-106 肝大面积结缔组织增生（任克良）

【临床用药指南】

[方1] 吡喹酮：10～35毫克/千克体重，口服，每天1次，连用5天。

[方2] 芬苯达唑：拌料喂服，50毫克/千克体重，每天1次，连用5天。

[方3] 阿苯达唑：内服，10～15毫克/千克体重，每天1次，连用5天。

[方4] 氯硝柳胺：拌料喂服，一次量8～10毫克/千克体重。

[方5] 甲苯达唑：按1克/千克饲料或50毫克/千克体重饲喂，连用14天。

凡养犬的兔场，本病发生率非常高。兔群一旦检出一个病例，应考虑全群预防和治疗。

九、毛癣菌病

毛癣菌病是由致病性皮肤癣真菌感染表皮及其附属结构（如毛囊、毛干）而引起的疾病，其特征为皮肤局部脱毛、形成痂皮甚至溃疡。除兔外，本病也可感染人、多种畜禽以及野生动物。兔群一旦感染，死亡率虽不高，但导致肉兔采食量下降，生长受阻，出栏期延长，皮用兔皮毛质量下降，同时很难彻底治愈，是目前为害兔业发展的主要顽疾之一。

【病原】须发癣菌是引起毛癣菌病最常见的病原体，石膏状小孢霉、犬小孢霉等也可引起（图9-107～图9-109）。

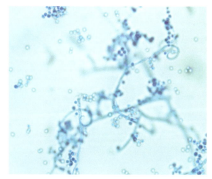
图9-107 须发癣菌形态（×1000倍）（高淑霞、崔丽娜）

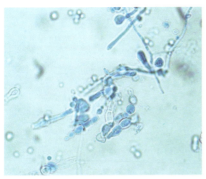

图9-108 石膏状小孢霉形态
（×1000倍）（高淑霞、崔丽娜）

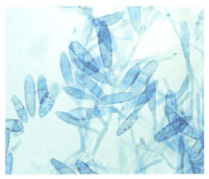

图9-109 犬小孢霉形态
（×1000倍）（高淑霞、崔丽娜）

【流行特点】本病多由引种不当所致。引进的隐形感染者（青年兔或成年兔）不表现临床症状，待配种产仔后，仔兔哺乳被相继或同窝感染发病，青年兔可自愈，但常为带菌者（图9-110）。

【典型临床症状与病理剖检变化】出生后仔兔吸吮母兔乳头时，乳头周围被毛湿润，使隐形感染的癣菌复发，一方面乳头周围脱毛、发红、起痂皮，同时仔兔吸乳时被感染。最先从嘴周发病，随后迅速扩散到鼻部、面部、眼周围、耳朵及颈部等皮肤，继而感染肢端、腹下和其他部位（包括肛门、阴部等），患部皮肤形成不规则的块状或圆形、椭圆形脱毛与断毛区，覆盖一层灰白色糠麸状痂皮，并发生炎性变化，有时形成溃疡（图9-111～图9-116）。患兔剧痒，骚动不安，

图9-110 毛癣菌病的传播过程

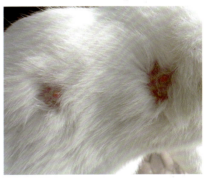

图9-111 乳腺部病变（任克良）
注：母兔乳头周围脱毛、发红，起淡黄色痂皮

采食下降,逐渐消瘦,或继发感染使病情恶化而死亡。本病虽可自愈,但成为带菌者,严重影响生长及毛皮质量。

图9-112 嘴、眼、前胸、前后肢等部位脱毛,痂皮较厚(任克良)

图9-113 同窝、同笼兔相继或同时发病(任克良)

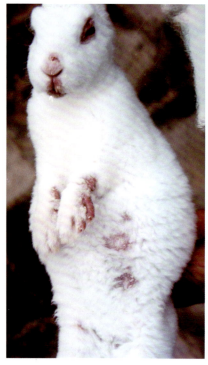

图9-114 腹部与肢部病变(任克良)
注:眼圈、肢部及腹部发生脱毛、充血,并形成痂皮

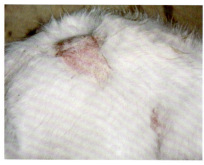

图9-115 背部与腹侧病变(任克良)
注:背部、腹侧有界限明显的片状脱毛区,皮肤上覆盖一层白色糠麸样痂皮

图9-116 阴部形成灰色痂皮(任克良)

【诊断要点】(1)有从感染本病兔群引种史。(2)仔兔、幼兔易发,成年兔常无临诊症状但多为隐性带菌者,成为兔群感染源。(3)皮肤的特征病变。(4)刮取皮屑检查,发现真菌孢子和菌丝体即可确诊。

【预防】

(1)引种要严格检查。对供种场兔群尤其是仔兔、幼兔要严格调查,确定为无病的方可引种。种兔引进本场时,必须隔离观察至第一胎仔兔断奶,确认出生后的仔兔无本病发生,才能将种兔混入本场兔群中饲养。

(2)及时发现,及时淘汰。一旦发现兔群有疑似病例,立即隔离治疗,最好作淘汰处理,并对所处环境进行全面彻底消毒。

【临床用药指南】

由于本病传染快,治疗有效果但易复发,为此,笔者强烈建议以淘汰为主。

[方1]克霉唑:对初生仔兔全身涂抹克霉唑制剂可以有效预防仔兔发病。也可将克霉唑、滑石粉等混合撒在产仔箱内。

[方2]局部治疗。先用肥皂或消毒药水涂搽,以软化痂皮,将痂皮去掉,然后涂搽2%咪康唑软膏或益康唑霉菌软膏等,每天涂2次,连涂数天。

[方3]全身治疗。口服灰黄霉素,按25～60毫克/千克体重,每天1次,连服15天,停药15天再用15天。灰黄霉素有致畸作用,孕兔禁用,肉用兔禁用。

本病可传染给人,尤其是小孩、妇女(图9-117、图9-118),因此须注意个人防护。

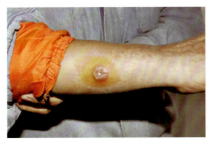

图9-117 饲养人员感染真菌(任克良)

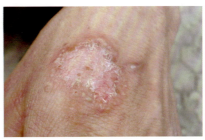

图9-118 手背感染,发红,起痂皮(任克良)

十、螨病

兔螨病又称疥癣病,是由痒螨和疥螨等寄生于兔体表或真皮而引起的一种高度接触性慢性外寄生虫病。其特征为病兔剧痒、结痂性皮炎、脱毛和消瘦。

【病原】兔螨病病原为兔痒螨、兔疥螨、兔背肛螨和兔毛囊螨等。兔痒螨,虫体较大,肉眼可见,呈长圆形,大小0.5～0.9毫米(图9-119)。兔疥螨对兔群危害最大,也最为常见,虫体较小,肉眼勉强能见,圆形,色淡黄,背部隆起,腹面扁平。雌螨体长0.33～0.45毫米,宽0.25～0.35毫米;雄螨体长0.2～0.23毫米,宽0.14～0.19毫米(图9-120)。兔背肛螨,虫体小,雌虫体长0.2～0.45毫米,宽0.16～0.4毫米;肛门位于背面,离体较远,肛门四周有环形角质皱纹。因其常寄生于兔的头部和耳部,因此也被称为兔耳疥螨。兔毛囊螨,成虫呈灰黄色,腹面扁平,背部隆起,且向前突出越过口器。

【流行特点】不同年龄的兔均可感染本病,但幼兔比成年兔易感性强,发病严重。主要通过健兔和病兔接触感染,也可由兔笼、饲槽和

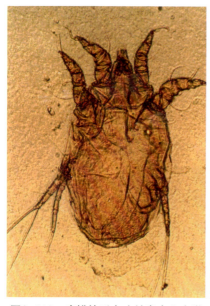

图9-119 痒螨的形态(甘肃农业大学家畜寄生虫室)

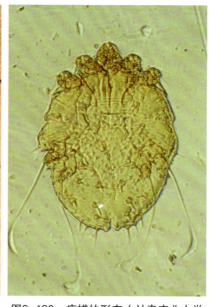

图9-120 疥螨的形态(甘肃农业大学家畜寄生虫室)

其他用具间接传播。日光不足、阴雨潮湿及秋冬季节最适于螨的生长繁殖。

【典型临床症状与病理剖检变化】

（1）痒螨病：由痒螨引起。主要寄生在兔耳内，偶尔也可寄生于其他部位，如会阴的皮肤皱襞处。病兔频频甩头，检查耳根、外耳道内有黄色痂皮和分泌物（图9-121），病变蔓延中耳、内耳甚至患脑膜炎时，可导致病兔斜颈、转圈运动、癫痫等（图9-122）。

图9-121 耳郭内皮肤粗糙、结痂，有较多干燥分泌物（任克良）

图9-122 神经症状（任克良）

注：痒螨引起的病兔斜颈、转圈运动

（2）疥螨病：由兔疥螨、背肛疥螨等引起。一般发病在头部和掌部无毛或短毛部位（如脚掌面、脚爪部、耳边缘、鼻尖、口唇等部位），引起白色痂皮（图9-123～图9-125），兔有痒感，频频用嘴啃咬患部，故患部发炎、脱毛、结痂、皮肤增厚和龟裂，采食下降，如果不及时治疗，最终消瘦、贫血，甚至死亡。有的肉兔病例被痒螨、疥螨同时感染（图9-126）。

图9-123 四肢、鼻端均被感染、结痂（任克良）

图9-124 嘴唇皮肤结痂、龟裂、出血（任克良）

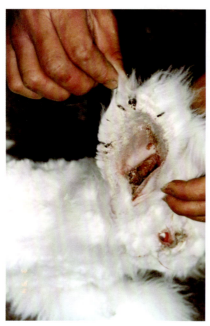
图9-125 外耳道有淡红色干燥分泌物，耳边缘皮肤增厚、结痂（任克良）

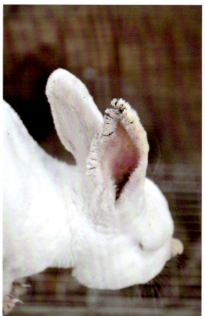
图9-126 耳内、耳边缘及鼻部混合感染（任克良）

【诊断要点】（1）秋、冬季多发。（2）耳内、皮肤结痂脱毛等特征病变，病变部有痒感。（3）在病部与健部皮肤交界处刮取痂皮检查，或用组织学方法检查病部皮肤，发现螨虫即可确诊。

【预防】

（1）定时消毒，保持兔舍清洁卫生。兔舍、兔笼定期用火焰或2%敌百虫水溶液进行消毒。

（2）发现病兔，及时隔离治疗，种兔停止配种。

【临床用药指南】本病的治疗方法有内服、皮下注射和外用药等。

外用药治疗疥螨时，为使药物与虫体充分接触，应先将患部及其周围处的被毛剪掉，用温肥皂水或0.2%的来苏儿溶液彻底刷洗、软化患部，清除硬痂和污物后，用清水冲洗干净，然后再涂抹杀虫药物，效果较好。

［方1］伊维菌素：伊维菌素是目前预防和治疗本病的最有效的药物，有粉剂、胶囊和针剂，根据产品说明使用。

[方2] 螨净：其成分为2-异丙基-6甲基-4嘧啶基硫代磷酸盐，按1∶500比例稀释，涂搽患部。

治疗时注意事项：①治疗后，隔7～10天再重复一个疗程，直至治愈为止。②治疗与消毒兔笼同时进行。③肉兔不耐药浴，不能将整只兔浸泡于药液中，仅可依次分部位治疗。痒螨容易治疗。疥螨较顽固，需要多次用药。

十一、溃疡性、化脓性脚皮炎

肉兔跖骨部的底面，以及掌骨、趾骨部的侧面所发生的损伤性溃疡性皮炎称之为溃疡性脚皮炎，若这些部位被病原菌（金黄色葡萄球菌等）感染出现脓肿，则为化脓性脚皮炎，也称脚板疮。该病对繁殖兔危害严重。母兔一旦患此病，采食量下降、泌乳力降低，仔兔成活率下降，最后只能作淘汰处理。

【病因】饲养管理差，卫生条件差，笼底板粗糙、高低不平，金属底网铁丝太细、凹凸不平，兔舍过度潮湿均易引发这两种病。神经过敏，脚毛不丰厚的成年兔、大型兔种较易发生。

【典型临床症状与病理剖检变化】本病的发生呈渐进性。多从跖骨部底面或掌部侧面皮肤开始，被毛掉落，红肿，出现小面积溃疡区，上面覆盖白色干性痂皮，随后溃疡面积扩大，有的皮肤破溃，出血（图9-127、图9-128）。患兔食欲下降，体重减轻，驼背，呈踩高跷步样，如果四肢均患病，肉兔则频频换脚，交替负重，靠趾尖行走。患病哺乳母兔因疼痛，采食量急剧下降，致使泌乳量减少，仔兔吃不上足够的奶水，死亡率升高或整窝死亡。兔舍卫生条件差的患兔，溃疡部可继发细菌感染，病

图9-127 脚底皮发生溃疡（任克良）

原菌主要为金黄色葡萄球菌,在痂皮下发生脓肿,脓肿破溃流出乳白色乳油样脓液,有些病例发生全身性感染,呈败血病症状,患兔很快死亡(图9-129)。

【诊断要点】獭兔、体形大的兔易感;笼底板制作不规范,兔舍湿度大的兔群易发。后肢多发,可通过临床症状进行确诊。确定病原菌须作细菌学鉴定。

【预防】(1)兔笼底板以竹板为好,笼底要平整,竹板上无钉头外露,笼内无锐利物等。

(2)保持兔舍、兔笼、产箱内清洁、卫生、干燥。

(3)肉兔的大脚、脚毛丰厚都可遗传给后代,生产中选择这些兔进行繁殖有助于降低该病的发生率。

图9-128 后肢跖骨部底面皮肤多处脱毛、结痂、破溃(任克良)

(4)一旦发现足部有外伤,立即用5%碘酊或3%结晶紫石炭酸溶液涂搽。

【临床用药指南】先将患兔放在铺有干燥、柔软的垫草或木板的笼内。

[方1]用橡皮膏围病灶重复缠绕(尽量放松缠绕),然后用手轻握,压实重叠橡皮膏,20～30天可自愈。

[方2]先用0.2%醋酸铝溶液冲洗患部,清除坏死组织,并涂搽15%氧化锌软膏或土霉素软膏。当溃疡开始愈合时,可涂搽5%龙胆紫溶液,并注射抗生素。

[方3]如病变部形成脓肿,

图9-129 前肢掌部脱毛、脓肿(任克良)

应按外科常规排脓后用抗生素进行治疗。

由于本病发生于脚底部,疮面不易保护,难以根治,同时化脓性脚皮炎易污染兔舍,传染给其他兔,因此,对严重病例一般不予治疗,应作淘汰处理。

十二、脓肿

脓肿主要由外伤感染、败血症在器官内的转移以及感染的直接蔓延等引起,任何组织、器官或体腔内形成外有脓肿膜包裹,内有脓液潴留的局限性脓腔。脓肿在肉兔中极为常见。

【病原】皮下脓肿及溃疡多因外伤后病原菌感染,在侵入部位大量繁殖,形成由结缔组织包裹的囊肿,当囊肿软化破溃时则形成皮肤溃疡,并通过流出的脓液感染邻近组织。内脏器官的脓肿则与细菌的血源性转移有关。引起脓肿的病原菌主要为金黄色葡萄球菌,其发生率高,其次为多杀性巴氏杆菌、化脓性链球菌、铜绿假单胞菌等。

【典型临床症状与病理剖检变化】脓肿可发生在肉兔任何部位,大小不一,数量不等,触诊疼痛,局部温度升高,初期较硬,后期柔软,有波动,若脓肿向外破溃,则流出脓液(图9-130~图9-132)。面部脓肿通常与牙齿疾病有关。病兔精神、食欲正常。若脓肿向内破口时,则可发生菌血症,引起败血症,并可转移到内脏,引起脓毒血症。脓肿发生在内脏器官(如肺部、肝、子宫、胸腔和腹腔等部位),则出现器官功能受到破坏的临床表现。内脏脓肿若在肺部,可引起肉兔呼吸困难、呼吸急促、呼吸姿势改变;若在子宫内,可引起母兔屡配不孕等。

图9-130 颜部脓肿(任克良)

图9-131 颈侧部的脓肿,已破溃,脓液呈白色乳油状(任克良)

图9-132　跖侧面脓肿，已破溃，流出白色乳油状脓液（任克良）

不同的病原菌发生的部位、脓液的性质也不同。一般金黄色葡萄球菌引起的脓肿多在头、颈、腿等部位的皮下或肌肉、内脏器官形成一个或几个脓肿。巴氏杆菌多在肺部、胸腔和生殖器官等部位；铜绿假单胞菌形成的脓灶包膜及脓液呈黄绿色、蓝绿色或棕色，而且具有芳香气味。

【诊断要点】皮下脓肿可通过外部观察、触摸来确诊。内脏中的脓肿可通过腹部触摸的方式进行检查，多数主要通过兔死后剖检而确认。何种病菌引起的，则需做病原菌分离鉴定。

【预防】（1）保持兔笼清洁卫生，消除兔笼内一切锐利物，减少或防止皮肤和黏膜外伤。

（2）兔群合理分群，避免肉兔相互撕咬。

（3）一旦发现皮肤损伤，及时用5%碘酊或5%龙胆紫酒精涂搽，防止病原菌感染。

（4）经常发生本病的兔场可以定期注射葡萄球菌菌苗。

【临床用药指南】

[方1] 皮下脓肿的治疗：首先剪去脓肿上及周边的兔毛，然后在脓肿的下部切开，将其中的脓液排干净，然后用0.1%～0.2%高锰酸钾水溶液洗涤，将青霉素粉撒在其中，同时肌内注射，每只按30～50毫克新青霉素Ⅱ肌内注射，每天2次，连用2～3天。

[方2] 庆大霉素：在脓肿囊上多点注射庆大霉素，有一定疗效。

[方3] 生蜂蜜：干净的生蜂蜜具有无菌、无毒、吸湿和抗菌的特点，既便宜又有效。首先将脓肿及周边的兔毛剪去，然后用生蜂蜜涂搽患部，每天2～3次，连用数天，同时口服庆大霉素或恩诺沙星等。

第四节

兔群重大疾病防控技术方案和注意事项

一、兔群重大疾病防控技术方案

（1）17～90日龄仔兔、幼兔饲料中加氯苯胍、地克珠利或兔宝1号（山西省农业科学院畜牧兽医研究所研究成果），可有效预防兔球虫病的发生。治疗剂量加倍。添加药物是目前预防肉兔球虫病最有效、成本最低的一种技术措施。

（2）产前3天和产后5天的母兔，每天每只喂穿心莲1～2粒，复方新诺明片1片，可预防母兔乳腺炎和仔兔黄尿病的发生。对于乳腺炎、仔兔黄尿病、脓肿发生率较高的兔群，除改变饲料配方、控制产前和产后饲喂量外，繁殖母兔每年应注射两次葡萄球菌病灭活疫苗，剂量按说明。

（3）20～25日龄仔兔注射大肠杆菌疫苗，以防因断奶等应激因素造成大肠杆菌的发生。有条件的大型养兔场可用本场分离到的菌株制成的疫苗进行注射，预防效果确切。

（4）30～35日龄仔兔首次注射兔瘟单联或瘟-巴二联疫苗，每只兔颈皮下注射2毫升。60～65日龄时再皮下注射1毫升兔瘟单联苗或二联苗以加强免疫。种兔群每年注射两次兔瘟疫苗。做好2型兔瘟的防控工作。

（5）40日龄左右注射魏氏梭菌疫苗，皮下注射2毫升，免疫期为6个月。种兔群应注射魏氏梭菌菌苗，每年2次。

（6）根据兔群情况，还应注射大肠杆菌、波氏杆菌疫苗等。

（7）每年春、秋季对兔群进行两次驱虫，可用伊维菌素皮下或口服用药，不仅对兔体内寄生虫（如线虫）有杀灭作用，也可以治疗兔体外寄生虫（如螨病等）。

（8）毛癣菌病的预防。引种必须从健康兔群中选购，引种后必须隔离观察至第一胎仔兔断奶时，如果仔兔无本病发生，才可以混入原兔群。严禁商贩进入兔舍。一旦发现兔群中有眼圈、嘴圈、耳根或身体任何部位脱毛，脱毛部位有白色或灰白色痂皮，及时隔离，最好淘汰，并对其所在笼位及周围环境用2%火碱或火焰进行彻底消毒。

（9）中毒病的预防。目前危害养兔生产的主要问题是饲料霉变中毒问题，因此对使用的草粉、玉米等原料应进行全面、细致的检查，一旦发现有结块、发黑、发绿、有霉味、含土量大等，应坚决弃之不用。饲料中添加防霉制剂对预防本病有一定效果。饲料中使用菜籽饼、棉籽饼等时，要经过脱毒处理，同时添加量应不超过5%，仅可饲喂商品兔。

（10）脚皮炎的防控。首先选择脚毛丰满的种兔留种；使用制作规范的竹板或塑料底板；保证饮水系统不漏水，保障兔舍干燥清洁。

（11）药物中毒的防控。肉兔患病后严禁随意使用抗生素，防止引起中毒或导致消化功能障碍（如腹泻等）。

二、防疫过程中应注意的事项

（1）购买疫苗时，最好使用国家正式批准的生产厂家的疫苗，同时应认真检查疫苗的生产日期、有效期及用法用量说明。另外还要检查疫苗瓶有无破损、瓶塞有无脱落与渗漏，禁止使用无批号或有破损的疫苗。

（2）注射用针筒、针头要经煮沸消毒15～30分钟、冷却后方可使用。疫区应做到一兔一针头。

（3）疫苗使用前、注射过程中应不停地震荡，使注射进去的疫苗均匀。

（4）严格按规定剂量注射，不能随意增加或减少剂量。为了防止疫苗吸收不良，引起硬结、化脓，对于注射2毫升的疫苗，针头进入皮下后，做扇形运动，一边移动，一边注射疫苗或在两个部位各注射一半。

（5）当天开瓶的疫苗当天用完，剩余部分要坚决废弃。

（6）临产母兔尽量避免注射疫苗，以防因抓兔而引起其流产。哺乳母兔体质较弱，也尽量避免注射疫苗。

（7）防疫注射必须在兽医人员的指导、监督下进行，由掌握注射要领的人员实施，一定要认真仔细安排，由前到后、由上到下逐个抓兔注射，防止漏注。对未注射的肉兔应及时补注。

（8）同一季节需注射多种疫苗时，未经联合试验的疫苗宜单独注射，且前后两次疫苗注射间隔时间应在7天左右。

（9）兽医人员要填写疫苗免疫登记表，以便安排下一次疫苗注射日期。

（10）疫苗空瓶要集中作无害化处理，不能随意丢弃。

（11）使用的药物和添加剂要充分搅拌均匀。使用一种新的饲料添加剂或药物，先做小批试验，确定安全后方可大群使用。

参 考 文 献

[1] 任克良,秦应和.高效健康养兔全程实操图解[M].北京:中国农业出版社,2018.

[2] 谷子林,秦应和,任克良.中国养兔学[M].北京:中国农业出版社,2013.

[3] 任克良.现代獭兔养殖大全[M].太原:山西科学技术出版社,2002.

[4] 任克良,陈怀涛.兔病诊疗原色图谱[M](第二版).北京:中国农业出版社,2014.

[5] 李福昌.兔生产学[M](第二版).北京:中国农业出版社,2016.

[6] 任克良.家兔配合饲料生产技术[M](第二版).北京:金盾出版社,2010.

[7] Carlos de Blas,Julianwiseman,唐良美主译.家兔营养[M](第二版).北京:中国农业出版社,2015.

[8] 王永康.规模化肉兔养殖场生产经营全场关键技术[M].北京:中国农业出版社,2019.

化学工业出版社同类优秀图书推荐

ISBN	书名	定价/元	出版时间
32709	肉兔科学养殖技术	48	2018年9月
30538	肉兔快速育肥实用技术	39.8	2017年11月
33432	犬病针灸按摩治疗图解	78	2019年6月
33919	彩色图解科学养兔技术	69.8	2019年8月
33746	彩色图解科学养鸭技术	69.8	2019年6月
33697	彩色图解科学养羊技术	69.8	2019年6月
31926	彩色图解科学养牛技术	69.8	2018年10月
32585	彩色图解科学养鹅技术	69.8	2018年10月
31760	彩色图解科学养鸡技术	69.8	2018年7月
31070	牛病防治及安全用药	68	2018年4月
27720	羊病防治及安全用药	68	2016年11月
26768	猪病防治及安全用药	68	2016年7月
25590	鸭鹅病防治及安全用药	68	2016年5月
26196	鸡病防治及安全用药	68	2016年5月
37833	鸡病巧诊治全彩图解	168	2021年6月

地　　址：北京市东城区青年湖南街13号化学工业出版社（100011）
　　　　　出版社门店销售电话：010-64518888
　　　　　各地新华书店，以及当当、京东、天猫、拼多多等各大网店有售
　　　　　如要出版新著，请与编辑联系：qiyanp@126.com
　　　　　如需更多图书信息，请登录www.cip.com.cn